ヒト、イヌと語る

コーディーとKの物語

菊水健史
Takefumi KIKUSUI
永澤美保
Miho NAGASAWA

東京大学出版会

The Story of Cody and K： A Man and His Dog
Takefumi KIKUSUI and Miho NAGASAWA
University of Tokyo Press, 2023
ISBN978-4-13-063956-9

まえがき

私は小さいときから田舎で育ち、周囲の環境は鳥と魚と動物、そして森であった。そこには当然のように大きな自然があり、自分がその一部であることなど、考えもせずに体に染みついていた。自然の中で、このまま死を迎えるかもという場面にも数回遭遇した。それでも気が向けば山や川へと出かけ、昼飯などは自分でとった魚を焼いて、木の実と家から持ち出したにぎり飯、という半野生生活は、都会を知らない少年に動物や植物との知恵比べをする格好のチャンスを与えてくれた。気がつけば、動物の行動の不思議にとりつかれ、大学人としての研究人生も半ばを過ぎ、終わりが見え始めた感がある。小さいときは『シートン動物記』『ファーブル昆虫記』を読みあさり、ご多分に漏れずローレンツ、ダーウィン、ダビンチの発想の大きさに感銘を受けてきた。大学時代はリチャード・ドーキンスと養老孟司に刺激を受けた。そして、動物行動学という生物研究の中の小さな一部になっていた。動物の不思議を知りたかった。それだけが出発点である。

イヌはほんとうに不思議な動物である。なにが不思議かといえば、その立ち姿から行動、表情、そしてその兼ね備えた未知なるパワー、いずれもが不思議である。肉食の四足動物、本来ならヒトの天敵でもおかしくなかったはずが、たとえばハウンド・ドッグの立ち姿はあまりにも優美であり、フレンチ・ブルドッグのそれはかわいさにあふれている。どうしてこのような多様な容姿を手に入れることができたのだろうか。地球上に存在するありとあらゆる生物の中で、イヌほど多様な種はいるまい。話しかけるとじっとこちらを見てくるし、わかったような顔さえする。飼い主の様子をうかがいながら、自分の行動を選択し、ときには飼い主を出し抜くことさえある。散歩に出ると、普段は話すこともないような人たちが挨拶してきて、一気に場が和む。イヌはどうしてそのような魅力を身につけたのだろうか。

私のイヌとのかかわり合いのはじまりは、けっして幸せやオキシトシンという絆形成にかかわるホルモンに満ちあふれているものではなかった。自宅では父親の鳥好きがとどまるところを知らず、庭そこら中に鳥籠、鳥小屋が並び、イヌを飼うことはけっして許されなかった。イヌとどうしても遊びたかった田舎の少年は、歩いて五分のところに住む親戚の家にいる、非常に賢いジョンという名のシェットランド・シープドッグに会いにいっていた。ジョンはおじさんとおばさんのそばを片時も離れずに、いつもリードなしで楽しそうに散歩していた。柵も塀もなにもないのに、家の庭からもまったく出ることもなく、もしかしたら、彼の人生でリードをつけられたのは数時間程度だったかもしれない。ただ見知らぬ来客には精一杯の吠え声で出迎える、そんな忠誠心の高い番犬だった。私はジョンと追いかけっこをして遊ぶのが好きで、ときどきおじゃましては遊んでいたことを覚えている。その遊びの中で、腕をトタンにいやというほど打ちつけ、かなりの流血沙汰になってしまった。もっとジョンとおとなしく遊んでいれば、と深く後悔した。

その二年後、今度は別の家で飼われているジョリーと遊んでいた。ジョリーは中型犬の雑種で、明るい遊び好きのイヌだった。ときどき散歩にもいかせてもらった。ある日、散歩の途中で、ジョリーがなにかを拾い食いした。これはいけない、と少年はその食べものを取り上げようとしたところ、ジョリーが一瞬に血相をかえて、私の手に嚙みついてきた。私の左手はもののみごとにジョリーの口の中に。どうやって離したのか覚えていないくらいのショックを受け、すぐに病院へ搬送された。昔の田舎の雑種である。当時のことを考えると食べものに対する執着心は当然、そんなイヌばかりであったのだから、自分の行為を悔やんだ。不思議なことに、これだけの経験をしていたのに、イヌがあまり怖くなかった。いやむしろその興味はしだいに大きくなってきていた。なぜイヌはこんなにも遊び好きで、だれとでも仲よくできるのだろうかという疑問を持ち続けていた。実際にイヌを飼い始めたのは二〇〇一年、アメリカはボストンにて、である。スタンダード・プードルのコーディーがラスベガスからやってきた。黒くて、か弱い、おまけに飛行機酔いでゲロまみれになった子イヌが、空港の出口で、クレートに入れられて出てきた。この出会いが私のイヌ好きを一気に加速させることになった。その半年後にはペンシルバニアからアニータが到着。このときは、へらへらした茶色い子イヌが平然とクレートに寝そべっていて、二頭のあまりにも違う反応にも驚いた。

私のこれまでの研究は、動物の群れや家族の機能を行動学的、神経科学的に調べることであった。なぜ動物は寄り添い集まるのか、そして、そこでどのようなシグナルが使われているのか、脳はどのように反応しているのか。動物を相手に研究を始めると、どうしても競争社会で勝ち残るものだけが生き延びる、いわゆる生存競争に向けた攻撃性や優位性が強く語られる。実際、競争に負けた動物たちは滅び、地球からその姿を消していっただろう。しかし、競争だけが生物の進化を後押ししたわけではない。いつしか仲間と助け合い、庇護するような共生や協力のシステムも獲得した。代表的なものは、母子間の関係性があげられる。母と子の関係は親密で、ぬくもりやおもいやりに満ちあふれている。競争という選択圧は、それから身を守るために協力を生み出し、家族や仲間とのつながりを強くしてきたのだろう。実際に母子間の関係性は、昆虫、軟体動物、魚類から、私たち人間まで広く観察できる起源の古い機能である。

その機能を司るといわれるのがオキシトシンである。本来はメスが妊娠や出産に使っていたホルモン、オキシトシン。このオキシトシンが脳にも作用するようになり、出産と同時に自分の子どもに対して無償の愛を注ぐ、そのような母性愛のスイッチを入れるようになった。オキシトシンの進化の歴史は古く、昆虫ではイノトシン、サカナではイソトシンとして機能し、やはり個体間の関係や養育行動にかかわっている。そしてオキシトシンはさらにその機能を多様化させ、ヒトでは協力行動や親和性、信頼にもかかわるという。近年の私たちの研究からは、ヒトとイヌがつながるとき、見つめ合うことで両者にオキシトシンが放出されることが示された。これは、同種間だけでなく、ヒトとイヌという異種間においてさえも、オキシトシンという分子によって個体間がつながることを示すものである。長い進化の歴史の産物は、種を超えた関係性をもつくりあげている。

ホルモンはどのように社会の形成や維持にかかわるのか。異性との出会い、個体の認知、相手に依存した適切な行動調節のメカニズムは、しだいにヒトの共同体にいたるように適応範囲を広げただろう。最近の心理学研究では、オキシトシンがヒトの親子の絆を形成し、他者との信頼関係を深め、相手を助ける、チャリティーへの貢献を増やすなどの高い社会関係性を支えることがわかってきた。これもひとえにオキシトシンの機能の拡張といえる。ただ、ヒト社会が成り立つためにはオキシトシンだけでは不十分である。それだけでは、家族に代表されるような内集団びいき、たとえば地域問題、民族紛争、性差別などの軋轢が同時に生まれる。そう、オキシトシンはある意味での差別ホルモンでもある。ヒトはこれを乗り越えるような認知能力を獲得している。この二つのシステムがどのように働き、人間社会に見られるような高度な状況が生じるのだろうか。

現在の興味はさらに広がる。ボストン滞在時代、コーディーがくる前はラボメンバーだけが私のつながりであった。もちろん英語もままならないアジア人に話しかけてくる人も皆無であった。しかし、これがコーディーがきたことで大転換する。イヌを連れて歩いていると、次から次へと声がかかる。かわいいね、スタンダード・プードルいいな、あっちにいい公園あるよ、などなど。見知らぬ土地で見知らぬ人をつないでくれるのだ。おかげで退役軍人の方々とも仲よくさせてもらい、おうちのお庭に招待されたり、公園でのイヌの遊びに同行させてもらったりした。イヌがいることで、ヒトとヒトがつながり、生活が豊かになった。ローカルコミュニティに入れてもらったような感覚になり、その土地が好きになっていった。

日本では核家族化が進み、子育てに関する問題は悪化の一途をたどっている。たとえば、日本の一五歳の「生活満足度」は、世界四七カ国中四一位、国連による世界幸福度調査二〇二〇年版でも、幸福度は先進国で最下位（世界六二位）、特筆すべき点として日本は寛容性が際立って低く、さらに社会的ネットワーク、対人的な信頼感、社会参加などから算出される社会関係資本尺度も圧倒的に低い（一六七カ国中一三二位）。イヌとの共生をさらに向上させることで、これを少しでも改善できるのではないだろうか。ヒトをつなぐ促進作用を持つイヌが共生することで地域コミュニケーションを促進し、子どもから高齢者まで、住民が多様性の中で信頼と安心を感じながらウェルビーイングを高めることができる地域コミュニティ形成の足がかりをつくることができる。現在、そのような社会学的研究も立ち上げた。これはまさに私がコーディーからたくさんもらった恩恵への恩返しである。

本書は研究者としてではなく、私がボストンにいたときに迎えたコーディーを中心に、彼の行動の背景にある進化的要因や認知機能を、飼い主の目線と、そしてイヌからの目線を妄想して記した。イヌからの目線に関しては、自分でコーディーの気持ちを書くと、あまりにも恣意的になる。そこで、コーディーをよく見て、研究の立ち上げを支援してくれた同じ研究室の永澤美保先生にお願いした。コーディーのよさはラボ内に限らず、散歩中や家の中でもたくさんあったが、研究室内の彼のイキイキとした生活ぶりを中心に記載してもらった。コーディー自身の目線からの文章を読むと、今でも彼の姿が思い出されてしまう。

朝、目を覚ますと最初にイヌとの挨拶が始まる。若いケビン=クルトは短い挨拶で、まずは部屋をあちこちと調べて、新しい朝のにおいを楽しんでいる。ケビン=クルトの母、情緒豊かなジャスミンは物陰からそれらの様子を眺め、ソファーで横になりながら、目だけで私の動きをうかがっている。ジャスミンは、私が散歩にいこうと思うその直前に、「さて私もそろそろ出番かしら」と歩み寄ってくる。たわいのない毎日のできごとである。このイヌたちも私の飼い始めたスタンダード・プードルのコーディーとアニータの孫とひ孫である。そして、みな同じような温かい視線で、愛を注いでくる。イヌとの生活はなかなかたいへんである。朝夕の散歩はもちろん、旅行に際して不在にできないし、かといってどこにいくにも一緒にいけるわけでもない。しかし、帰宅時に出迎えてくれる、あの喜びの様子、遊んでいるときのうれしそうな顔、それは一緒にいることをこのうえなく楽しく幸せな気分にさせてくれる。ヒトとイヌがともに目覚めるようになってから二万年から三万年が経とうとしている。長い共生の歴史を、その歴史の中で働いていた分子の力を、今この目の前で実感し、体感できる感動が胸を満たす、そんな朝を迎えることができる。地球で生まれた生命体が長い時間をかけて育んだ関係性、その神秘に感謝し、本書を書き上げることができた。みなさんもぜひイヌとの不思議な関係を、自分の経験と重ねながら読んでいただけると幸いである。

『日本の犬——人とともに生きる』（二〇一五年、東京大学出版会）でお世話になった光明義文さんからメールが届いた。「そろそろ次の書はいかがでしょうか？　それも今度は飼い主としての菊水先生の視線で一冊」。本書は、光明さんのこのリクエストから始まった。それはおもしろそうと安易に返事した菊水であったが、予想どおり、なかなか筆が進まず、光明さんと共著者の永澤美保先生には多大なるご迷惑をおかけした。それでも、どうにか筆を進め、ここまでたどりついた。私の飼育していたコーディーを中心にした話題であるが、彼を通して、生物の進化、その中でヒトとイヌのつながりが生まれ、現在にいたっている過程を紹介した。飼い主としての視線で書いた、私の中でも初めての書である。くじけそうになると、励ましメールを送ってくれ、強靱な忍耐力で伴走してくれた光明さんに感謝申し上げたい。

菊水健史

目次

イラスト／谷脇栗太

第1章 はじまり

誕生前夜

温かい、暗闇の中から音が伝わってくる。トクトクと、小さな音が幾重にも重なって、そして少し大きなゆっくりとした音も。聞いているうちに、心地よくなってうとうとしてくる。

トクトクという音の、さらにその向こうから、いろんな音が伝わってくる。にぎやかな、気持ちが楽しくなりそうな音、ゆっくりとした温かな音、そしてときどきカチャカチャと固い音がする。でも、静かになるとまた、トクトクを聞きながらうとうとを繰り返す。

なにかがやさしく体に触れるときがある。温かな音にあわせてゆっくりと繰り返し触れられる。びっくりして動くと、なにやら楽しげな音が伝わってくる。

今日は少し窮く感じる。そして、外の音がいつもよりもあわただしく伝わってくる。ガリガリという音が聞こえるときは体も一緒に揺れてびっくりしてしまう。

しばらくしたらまた温かくなってきた。温かくなって眠っていたら、急に体が締めつけられて目が覚めた。トクトクの音が大きくなって、ハァハァという音と振動も伝わってきた。ガリガリという音とともに体が大きく揺れるのを感じる。

そして、僕はゆっくりと動き出していた。

私（K）は半年待った子イヌの出産を待ちきれず、ブリーダーさんを幾度も訪ねていった。母イヌのやさしそうな、そして少し目が潤った様子を見て、きっといい母イヌになるだろうと直感した。ブリーダーさんから、そろそろ生まれますよ、と連絡をもらい、急いで車で駆けつけた。子イヌたちは無事に生まれるのか、と不安が頭をよぎる。母イヌのしだいに速くなる呼吸をつねに見守るしかない。その呼吸に耳を傾けていると、自分もしだいに、そのリズムに重ね合わせ、呼吸している。そしてその安定したリズムに引き込まれ、ついうとうととしてしまう。イヌは哺乳類。母子間の絆は、おそらく出生前から形成され始めている。たとえば、母イヌの心拍数と胎児の心拍数には関連があるらしい。このことは、胎児と母親がなんらかのコミュニケーションをとっているからかもしれない。

ブリーダーさんが母イヌの体温を測っている。少し下がってきたようだ。母親の体温は出産二四時間前に低下し、それから徐々に上昇して、もとの体温になると分娩が始まるという。どんな子イヌが生まれるのか、初めての経験で緊張と期待が高まり、そっとその手を母親のおなかに添える。小さくかわいい子イヌの胎動を感じることができる。もうすぐ外の空気が吸えますよ、おチビちゃんたち。

ついに母イヌが産気づいてきた。しだいに呼吸が荒くなる。そわそわと落ち着かない。手づくりでこしらえた産室の隅を必死に掘っている。きっと野生で生きていた時代、地中に穴を掘って、その中に産室を持っていたのだろう。膣からしだいに体液が垂れてくる。少し血の混じった羊水だろうか。しだいに膣がふくらむ。ピンクの柔らかい羊膜に包まれた頭が見えてきた。黒か。ゆっくりと、呼吸のたびに一センチ、一センチと外の世界に出てくる。まるでそれは、昆虫の羽化のようだと見とれてしまう。五分が経過した。体の半分が出れば、あとは早い。おそらく一番太い部分は胸部になるので、そこさえ出てしまえば、すとんと落ちる。さあ、ふんばれ、もう一息だ。

誕生

強い力でつるりと押し出されると、僕は薄い膜に包まれていた。心なしか明るく感じる。すぐに膜がはぎとられ、柔らかく温かい力で体中をなでられると、急に冷たい空気がたくさん体の中に入ってきた。そして、僕は初めて声を出した。

一度声を出したら止まらない。なぜ声を出したいのかはわからないけれども、僕のまわりで、温かく、楽しそうな音が今までよりもずっと近くで伝わってくる。僕は、それに負けないように声を出さないといけないんじゃないだろうか。

なにかのにおいがする。鳴きながら、頭を振ってにおいを探しながら這っていくと、大きくて柔らかくて温かいものにぶつかった。

そうだ、ぼくはおなかがすいているんだ。

においのもとに吸いついて、力いっぱい吸ってゴクゴクすると、なんだかおなかが満ちてきて、なにがなんだかわからないこの状況で、ちょっと気持ちが落ち着いてきた。だから僕は一生懸命吸い続けた。

ついに出てきた。黒い。そっと手を差し伸べて、洗面器で受け取る。温かい。まだ呼吸ができていない。急いで、お湯で温めておいたタオルで羊膜をはがし、子イヌを乾かしてあげる。母イヌがクンクンと泣き叫んで、子イヌを返してとせがんでくる。でも呼吸が始まるまではそうはいかない。口と鼻の周囲を拭き、羊水をぬぐう。顔を下に向けて、少し振って、鼻腔にたまった水をとる。体をさする、すると、子イヌのか細いくーんくーん、という声がする。これで一安心。お母さんに返してあげると、待ってましたとばかりにひっきりなしに舐め続ける。

動物では、出産時にオキシトシンが大量に分泌され、お産が促される。そのオキシトシンは射乳ホルモンとしても作用し、母イヌが初めての母乳を子イヌに与えられるのも、このオキシトシンのおかげ。オキシトシンは脳の中で作用して、母性本能のスイッチを押す。また嗅覚系をフル回転させて、わが子のにおいを記憶し、絆形成のスタートを切る。とても大事なホルモンである。生まれたばかりの子イヌは目も見えないが、においを手がかりにおっぱいを見つけて、吸いつく。これはヒトもしかりで、生まれたばかりの新生児でも同様の能力があることがわかっている。初乳に含まれる成分が、胎児を包んでいた羊水に似ているためという説もあったが定かではない。子イヌが母イヌの乳首に吸いつくと、母イヌの母性本能のスイッチが押される。母は元気な子を産んで、元気に吸いついてもらわないとならない。ほら、元気に吸いついている。これで母イヌが子イヌをスムーズに育て上げてくれる。それだけでなく、生まれたての子イヌが吸いついた母乳には、母性免疫と呼ばれる抗体が含まれていて、子イヌが自分で感染から体を守ることができるようになるまで、この母親のおっぱいからもらった抗体が病原体の侵入にバリアを張る。非常によくできたシステムである。

きょうだい

あれから僕は幾度となく、大きくて柔らかくて温かいものから引き離されてはまた戻され、そのたびに僕と同じような鳴き声が増えていった。だから、においのもとをひとりでゆっくり吸うことができなくなった。においのもとを探そうとするとだれかいる。しかたないから隣のにおいのもとに吸いついたけど、こちらはちょっとしか出てこないから、僕はもとの場所を取り戻さなければ。になにがいるのかはよくわからないけど、くやしいから押しあいへしあいして取り戻してやった。においのもとを吸っているうちに、なんだか温かくて気持ちよくなって、疲れてきたのでそのまま眠ってしまった。

僕はたぶんほとんど眠っている。ときどき大きくて柔らかくて温かいものがやってくる気配を感じて目を覚ましては、またにおいのもとを探しにいく。でも、競争相手がたくさんいて、においのもとにたどりつくのは至難の業だ。この前はうっかり違う方向にいってしまい、遠回りして戻ってきたときにはにおいのもとはもうどこもふさがっていた。むだに動き回ってしまったので、おなかがすいてしまった。なんとしてもにおいのもとを取り戻さねばならない。

僕がもがいていたら、大きくて柔らかくて温かいものが急に動き出して、みんな振り落とされてしまったようだ。大きくて柔らかくて温かいものが戻ってきたら、においのもとをめぐって、新たな戦いが始まるのだ。

戦いに負けたときはどうなるか。そのときは、なにかが僕を持ち上げて、なにかを口の中に押し込んでくる。においのもとと似ているけど、でもちょっと違うな、と思っていても、なぜか僕は反射的に吸ってしまう。おなかがいっぱいになることには変わりないので、まあ、いいかと、僕はそれを受け入れている。

おなかがいっぱいになると、柔らかくて温かいものがおしりを舐めてくれる。その刺激で温かい液体のようなものが出てくるが、においはそんなにしない。全部舐め取ってくれているようだ。ときどき、なにか柔らかいものを踏んでしまうこともあるけど、そんなときもきれいに舐めてくれる。僕と僕のまわりはたぶん、清潔に保たれているようだ。

おなかもいっぱいになって、体もきれいに舐めてくれて、僕はまたうとうとと眠たくなってくる。大きくて柔らかくて温かいものはどこかにいってしまったらしい。少し寒くなってきた。争う理由がなくなった僕たちは、今度はみんなで集まるのだ。温かさとトクトクが伝わって、またうとうとと眠るのだ。

毎日、この繰り返しだ。

私は生まれてから五日目、またブリーダーさんを訪ねた。いてもたってもいられないのだ。生まれたばかりの子イヌはあまりにも無力だ。目も耳もほとんど働いていない。においだけは胎生期から受容できるようで、出生まもない子イヌはにおいを手がかりに乳腺に吸いついていく。また、子イヌは自分の体温を維持することもむずかしい。そのため、できるだけ温かいところを目指して動く。子イヌが押し合いへし合いしながら、子イヌの山の中央に移動するのは、もっとも温かい場所がそこだからだろう。また、子イヌは自分自身では排泄もままならないので、母親の手助けが必要だ。陰部をゆっくり舐めて刺激すると、反射的に排泄する。この時期の子イヌの排泄物はミルクの残りかすのようなもので、母親はそれを舐め取って巣の中をきれいにする。子イヌの成長はこの母子間のやりとりで安定して維持されるが、それは幼少期に限られたものではない。哺乳類の生き残り戦略は、発達期を長くして、多くの経験を通して個体の生存確率を高めた。そのために記憶や認知に優れ、柔軟性に富んだ脳を手に入れている。乳子は、母から受けたぬくもりや舐められた皮膚接触を頼りに、自分自身の成長後の行動や環境とのかかわり方をプログラムすることができる。たとえば、厳しい環境下だと母性行動が低下するので、それを介して子イヌは周囲環境に敏感に反応するようになる。

このころの子イヌたちの動きもおもしろい。ミルクを飲んで満足すると、温かい寝床を見つけて眠りにつく。まだ体が小さいので、体温の保持機能が未発達。体をうまく周囲の子イヌたちや母親から温めてもらうことで、自分のエネルギー効率を高めているのだろう。ニホンザルでは地位の高いサルが集団の中央にいて、全体が寄り添うらしい。一番いい位置が、一番位の高いもの、ということか。イヌでもそのような順位や競争があるのかもしれない。そういっても、じつはこの子イヌ団子に入らずに、外で平然と寝ている子イヌもいる。はたして大丈夫か、と思うものの、おそらくあまり他者に関与しない、そういう社会性の芽生えかもしれない。そんな個性的な性格を成長後まで追跡してみたいと思う。

さらに近年、母親からの母乳や舐め行動を介して、細菌叢を引き継ぎ、この細菌叢が子の成長後の免疫機能や内分泌機能などの身体機能に加え、行動調整などの脳の機能にも強く影響することがわかってきた。温かい母子間のやりとりは、多くの「母からの教え」が含まれているのだ。それを目の前にして、安定したイヌの母子の関係を眺めていると、気持ちがなぜかほっこりしてくる。

第2章
成長

開眼

　ある日、目が覚めたらいつもよりもまわりが明るく見えた。いつもは、明るくなったり暗くなったりをなんとなく感じていただけだが、今は膜が取り払われたような、そんな明るさだ。
　じつをいうと、少し前から音がはっきりと聞こえるようになっていた。空気の揺れの強さを感じるだけだったのが、なんだかいろんな音の違いがわかるようになってきた。でも、なんの音かはわからない。どこから聞こえるのだろうか。

　しだいになにかがぼんやり見えてくるようになってきた。僕のまわりには、なにかがごろごろとうごめいている。そして、においのもとがある大きくて柔らかくて温かいものは、もしゃもしゃとしていて、なんだかとてつもなく巨大に見えた。「ママ」というらしい。ママは僕たちが探しやすいように、横になってにおいのもとを見せてくれる。においのもとにはもしゃもしゃはないし、僕たちはにおいのもとがどんなものか見えるようになってきたので、前よりもずっと探しやすくなったけど、前よりもずっと競争は激しくなった。においのもとが小さくなったのか、僕たちが大きくなったのか。とにかくぎゅうぎゅうなのだ。競争を勝ち抜いても、においのもとを吸い続けることもなかなかの苦労だ。一度吸いついたら絶対に離さないようにしないといけないし、吸うこと自体それなりに疲れるし。温かい暗闇の中でうとうとしていたころには、こんなことになるとは想像もしていなかった。

最近は、ママのほかにも僕のおなかを満たしてくれるなにかもわかってきた。ママとはまったく違う姿で、高いところからまったく違う声を出す。今でも競争に負けると、においのもとに似たものを吸わせてくれる。おなかを満たしてくれるのはありがたいし、やさしくなでてくれるのは気持ちがいい。でも、眠たいときにしつこく触ってくるのは勘弁だ。眠たいときは静かにそっとしておいてほしい。

もう一つ変わったことといえば、這うだけではなく、少し踏ん張って歩けるようになったことだ。なにか気になるものがあれば、歩いていって、においを嗅いだり触ったりしてみる。たいていはしゃぶってもおいしくないから、すぐに飽きるけど。ママに舐めてもらわなくても、おしっこやうんちが出せるようにもなってきた。なるべく遠くにしたいのでがんばって歩いていくのだけれど、囲いが高くて、越えることができない。そうこうしているうちに、たいていは我慢できずに途中でしてしまう。ママは軽々と越えていく、この囲いの向こうにはなにがあるのだろう。

生後二週目に入ると、しだいにしっかりしてきた。目も開き、耳も聞こえるようになり、一気に世界が広がっているのがわかる。声をかければこちらを向く。これらの感覚を通した刺激は、脳を活性化し、子イヌの環境へかかわりたいという気持ちを高める。ちょうど同じくして、やっと身体も動くようになる。ふらふらしながら、四つ足で立つこともできる。失敗と成功を繰り返しながら、しだいに運動能力は高まっていく。この時期になると母イヌだけでなく周囲のきょうだいイヌたちとも積極的にかかわる。おっぱいをめぐって争い、噛んだり舐めたりを繰り返す。おっぱいを吸う能力や体力に差が生じてくるため、どうしても弱い子イヌも出てくる。そのためか、ブリーダーさんは少しだけ補助を入れていた。イヌ用のミルクで人工哺乳を開始。まずは体重が軽い子イヌから。母親にやさしく「ちょっと借りるね」といいつつ、巣箱から一頭を取り出す。子イヌの口の中、硬口蓋の中央に柔らかいものがあたると反射的に吸乳行動が出るようになっているらしく、哺乳瓶の柔らかい先をその部位にあてると自然に飲み始める。おっぱいを飲むとうれしいのか、しっぽを振る姿がかわいらしい。ためしに一頭だけやらせてもらった。かわいい。無力ながら喜怒哀楽が備わっているのか、そんな一生懸命さが伝わるかけがえのない時期。最近の研究では、母イヌの授乳行動が子イヌの成長にも影響を与えるという。盲導犬を対象とした研究で、母イヌが立ったまま授乳をさせていると、盲導犬の合格率が高くなった。はたして、多少なりの競争や努力の経験が子イヌの性格形成に影響を与えたのだろうか。そのしくみが気になる。

探検

今日、囲いがなくなった。正確にいうと、四方を囲んでいる囲いの一部が低くなったのだ。その先には――一面の白。

どうしようかと思っていたら、突然体が持ち上げられ、囲いから離れた白一面の片隅にポツンと置きざりにされた。ちょうど尿意を催していた僕は、そこで用を済ませてから、またみんながいる囲いに急いで戻っていった。みんなから離されてちょっと不安だったからだ。でも、僕は寝床が汚れるのが嫌だから、これは好都合だ。これからは、低くなった囲いを越えて、用を足しにいけばいいのだ。

はじめのうちは、低くなった囲いにひっかかることもあったが、最近は難なく越えられるようになってきた。まわりをよく見渡すと、なにか気になるものが目につくようになった。そんなときはまずにおいを嗅いで、口で感触を確かめる。ちょっと触ると音がするものもある。でも、きょうだいたちの耳やしっぽを咥えてひっぱったり、じゃれあったりするほうが、僕は楽しい。

「きょうだい」というのは、僕のまわりにいる、もそもそと動くものたちだ。あの日、僕が聞いた鳴き声の正体で、においのもとをめぐるライバルでもある。みんな同じような姿をしていて区別はつかない。ママは最近、そばにいないことが多くなってきたので、そのときは、きょうだいがそばにいてくれるのはちょっとうれしい。一緒にいるからといって、とくになにも起きないから、なんでうれしい気持ちになるのかはよくわからない。

僕は、そんな感じでわりと毎日楽しく過ごしていた。体もよく動くようになってきて、きょうだいたちもそれぞれ囲いの外に出歩くようになってきた。囲いの端をかじったり、床に敷いてある白いシートをひっぱり出したり。まわりにあるものはなんでも口で確かめてみないと気が済まない。目につくものをいろいろ噛んでみると意外と楽しい。でも、きょうだいを噛むとものすごい声を出したので、ちょっと気をつけようと思った。

囲いの外には、もっと高い柵がある。その柵ごしに今まで見たことのないようなものがいろいろと見えている。最近、外が気になってしかたがない。ときどき、僕たちはなにかに抱きかかえられて、広い場所に連れ出されることがある。

そこにはママに似ているけど、ママよりも少し大きくて低い声で吠える「パパ」がいた。前足を前に出して、おしりをうんと高く上げるポーズで、しっぽを大きく振っている。これは僕たちきょうだいどうしで遊ぶときの合図と同じだ。この合図をすれば、多少耳を噛んだり、上に乗ったりしても許されるし、僕も怒らないことにしている。最近ママがいない時間が多くなってきたから、こんなふうに誘われると僕たちもうれしくなって、吠えながら追いかけたりして遊んで過ごした。パパに飛びかかっては投げ飛ばされ、転がされて、ちょっと乱暴だけどママと一緒にいるときとは違う楽しさがある。調子に乗って力いっぱいパパに噛みついたら、ものすごく叱られた。

こんなふうに、パパと遊ぶ時間が増えてきた。パパに会うために柵の外に連れ出され、パパが遊びに飽きると、僕たちはまた柵の中に戻されるのだ。

小さな囲いから出られるようになったときのように、この柵からいつか自由に出られるときがくるのだろうか。外に出てみたいような、でも怖いような。僕は慎重なたちなのだ。

生後三週目、ブリーダーさんに電話し、私はまた訪問させてもらった。そろそろ迷惑と思われているかもしれない。でも、どうしても自分の目で成長を見てみたいのだ。子イヌたち、大きくなっている。トイレも自分でできるようになったのか、少しだけ外に出るようになる。これはイヌが本来持つ、巣をきれいに保とうとする行動に由来するのだろう。よちよちと時間をかけて外に出て、トイレシーツの上で排泄する。といっても、トイレシーツで排泄することを覚えているわけではなく、部屋中に敷き詰めたシーツのどこかで用を足しているのが実情。ところが、しだいににおいを手がかりに同じ場所での排泄が増えていく。やはり、動物としての能力を小さいときから兼ね備えているな、と感心する。

生後五週目。たった二週間なのに、とてもイヌらしくなってきた。このころの子イヌは好奇心の塊。新しい刺激に近づき、なんでも口にするようになる。生後七週を過ぎるくらいから新しいものに対する不安が高まってくるらしいので、それまでは子イヌたちの遊び好きはしばらく続く。一方、イヌと共通祖先種を持つオオカミでは、生後五週齢を過ぎるくらいから、新しいものに対する不安が高まり、好奇心を抑え込むようになる。この行動の違いがイヌとオオカミの生まれながらに備わった気質の違いの一つとされている。

きょうだいとのやりとりは見ていて楽しい。飽きることがない。けんかの練習なのか。しかし、まだまだ真剣みが足りず、遊びにしか見えない。遊び行動のきっかけは、プレイ・バウ（play bow）と呼ばれる姿勢。前足を折って、おしりを高く上げ、しっぽを振る。子イヌといえども同じ姿勢で遊びを誘う。この遊びの合図があると、おたがいが遊びであることを理解するのか、多少の攻撃的な行動は許される。おそらく、おたがいが敵意的な意図がないことを示しているのだろうと思われる。ヒトの挨拶と同じような機能なのかもしれない。

このような他個体とのやりとりは、将来のほかのイヌとのかかわり方、たとえば攻撃や性行動を育てる機能を持つとされている。子イヌだけだとどうしても興奮が高まりすぎる。そこで父親の登場。父親は優しく見守りつつも、母親ほど得意ではないが、折に触れて遊ぼうなどといって、子イヌたちにかかわってくる。動き出したことで、子イヌがイヌであることに気づいたのか。子イヌたちの興奮が高まりすぎると、さっと静かにしなさいと叱りつける。父親に叱られた子イヌたちは驚き、一斉にお座りしてすまなそうな姿勢をとる。とはいっても大人イヌの子イヌに対するしつけや行動抑制はとてもやさしいものだ。おそらく子イヌ特有のなにかがあり、これが免罪符のような役割を果たしているのか。たとえば、マウスでは子マウスだけが出すフェロモンがあって、これで大人のマウスの攻撃性などが抑制されるらしい。同じように、イヌでも子イヌ免罪符（英語では puppy license とも呼ばれる）があるのかもしれない。いずれにしても、大人とのかかわりは大事な要素であり、「遊び」と「我慢」の形成には父親や母親の厳しさが重要な役割を果たしているのだろうと想像する。

離乳

いつものようにママにおっぱいを飲ませてもらおうと思ったら、ママにものすごい形相で怒られた。

僕も異変は感じていた。最近のママはときどき立ったままおっぱいを飲ませるようになっていた。そして、飲み終わったら、僕たちの口や体をひととおり舐めて床の掃除をしてから、そそくさと囲いの外に出ていってしまう。立ったままだから一生懸命体を伸ばさないと飲めないし、時間が限られているからきょうだいとの競争は激しくなった。おなかをいっぱいにするのもたいへんなのだ。

でも、そうはいってもおっぱいは飲ませてくれた。それが今日は、おっぱいを咥えようとすると、唸り声をあげて、それでもおっぱいを飲もうとしたら、歯をむいて追い払われた。ママはいったいどうしてしまったんだろう。悲しいけれど、飲ませてくれないのだからしかたがない。

そんなときはきょうだいで温めあって寝るしかない。体が温まると空腹も少し我慢できるような気がするのだ。

いつもママの代わりにおなかを満たしてくれる生きものは、ママのようにはもしゃもしゃではなく、後ろ足だけで立っている。顔が一番高いところにあるから、声も高いところから聞こえるのだ。毎日体の色が変わるのだけれども、声と顔は同じような気もする。ママがおっぱいをゆっくり飲ませてくれなくなってから、おっぱいの代わりを余計に飲ませてくれるようになったので、僕たちはおなかがすいて死んでしまうことはない。そして、吸わなくても飲めるように、平たい器に入れて出してくれるようになってきた。

この生きものが飲ませてくれるのは、最初はさらさらしたおっぱいの代わりだけだったのだけれど、少しずつどろどろしたものに変わってきた。どろどろしたものを平たい器に入れて床に置く。器は三つあるから、きょうだいそれぞれが近いほうの器に群がって食べるのだ。でも、隣のみんなが食べているほうがなんだかおいしいんじゃないかと思えて、ついついそちらに移動してしまう。そして、中身は同じだということに気づくのだが、それでもやっぱり、みんながいるほうにいってしまうのだ。ママは、おっぱいはあまり飲ませてくれなくなったけど、僕たちがおっぱいをせがむと、口から同じようなどろどろとしたものを出して食べさせてくれるときがあるし、相変わらずおしりや体を舐めてくれる。ママは僕たちのことを嫌いになったわけではないようだ。

子イヌの成長にともない、母子関係がだんだん変化してきた。子イヌの母乳の要求量が高まるものの、母親は逆に母乳量は低下しているようで、両者の間に葛藤が生じる。母親はしだいに授乳を拒絶するようになる。とくに子イヌの吸う力が高まり、歯も生えてくるため、痛みをともなうようになるらしく、拒絶も一段と激しくなる。場合によっては、乳房が傷つくこともあった。母子を離す時間が必要と考えて、母親だけがのんびり休めるような工夫を巣箱に施す。オオカミでは通常三〜四頭が生まれるが、イヌは多産で場合によっては一〇頭を超えることも。そのため、足りないミルクはブリーダーさんが与えることになる。成長に合わせて、子イヌ用のドライフードも、フードミキサーで粉にして混ぜていく。ドライフードが入ると、急にうんちのにおいが変わる。母親ももう食べ飽きたのか、床に残ることがあり、しだいにトイレの掃除が忙しくなってきた。

食べるときの子イヌの様子は見ていて楽しいし、不思議でもある。ごはんを三つの器に入れて出してあげると、最初の一頭が食べ始めた器が人気になる。おそらくつられているのだろうと思う。集団行動の一種で、同調や追従と呼ばれるものだ。ヒトでも新しい環境ではさまざまな情報が不足しているため、自分の選択ではなく、他者の選択に従うことが知られている。それだけでなく、イヌはヒトの集団にもついていくらしい。ヒトの集団にもなにかしらの自分に都合のいい情報が共有されている、ととらえているのか。子イヌの集団での採餌に関しては、少なくとも、そこには餌があり、おいしく食べられる、ということが共有されているのか。その機能などはまだ不明であるが、イヌ、それも子イヌでも持つ同調性は、イヌが集団で生活する高い能力を垣間見られる瞬間である。

お出かけ

ママの代わりにどろどろしたものをくれる「二本足」の生きもののことも少しずつわかってきた。後ろの二本の足だけで立っているのは相変わらず奇妙だけれど、空いている前足でおっぱいの代わりをくれたり、なでてくれたり。顔はママやきょうだいと似ているようでかなり違う。顔はほとんど平べったくて、口も小さい。鼻らしきものは乾いている。でも、目はたぶん、ママやパパと同じように見える。そして、ママとは目を見あうことはあまりないのだけれども、この生きものは僕と目があうとうれしそうな声を出す。

ママやパパのように、耳を動かしたり、しっぽを動かしたり、そしてやさしく舐めてくれたりもしないので、実際のところなにを考えているのかはよくわからないが、目と声でなんとなく理解できるような気もしてきた。

ママのように身軽ではないので、踏まれないように気をつけないといけないけど、今のママよりもやさしくて、僕はこの生きものが好きになっているようだ。

そして、この二本足には種類がいろいろあるようだ。大きなのや、声が低いの、やさしいの、触り方がちょっと乱暴なの。この柵の向こうは二本足の世界のようだ。ちょっと怖いときもあるのだけれど、この二本足たちは、たぶん、総じて僕にとっては親切な存在のようだ。

その日は突然やってきた。僕ときょうだいは、ニンゲン——二本足はこう呼ばれている生きものだということはあとで知った——に抱っこされて、あっという間に柵を越え、いつも遊ぶ部屋を通り過ぎ、知らない場所に連れていかれた。こんなに遠くにきたのは初めてだ。空気がピリッと冷たくて鼻の中がキャンとするけど、光が温かくて気持ちがいい。今まで見たことも嗅いだこともないいろいろなものが僕の頭の中に飛び込んでくる。

見たこともないニンゲンたちともすれ違った。そのニンゲンたちは、すれ違いざまに、僕をのぞき込んで声をあげていた。世界が急に変わったようで、僕はちょっとびっくりしていたが、悪い気持ちではない。短い時間だったけれど、ニンゲンに抱っこされたままの僕の初めての旅行は概ね快適だったと思う。

柵の中に戻ると、ママが心配そうにやってきて、僕ときょうだいのにおいを嗅いだり、体中を舐めたりしてくれた。

僕ときょうだいたちのお出かけは、それ以来毎日、そして少しずつ長い時間をかけるようになっていった。そして、ニンゲン以外の生きものたちにも出会うようになった。まずは、僕たちと同じ生きものたち。ニンゲン以上に、いろいろな大きさや色、毛の様子をしていたが、なぜか僕と同じ生きものだということはすぐにわかった。ニンゲンは僕を抱いたまま、なかなか直接会わせてはくれなかったが、しばらくしたら挨拶させてくれるようになった。

僕が、きょうだいたちとやるように前足を前に投げ出して、おしりを高く上げ、しっぽを思いっきり振ったら、相手も同じようにしてくれた。ときどき唸り声を出すのもいて、ニンゲンはあわてて僕から引き離そうとするけど、僕にはそれが楽しい遊びの合図なのか、それ以上は近寄ってはいけない警告なのかわかっている。僕が怖いときは、転がっておなかを出しておしっこをすると、もうそれ以上のことはしないで許してくれることはママやパパから教わっているし、思いっきり噛んだら嫌がられることもきょうだいどうしで教えあってきた。ニンゲンにはなかなか通じないときがあるけれども、なるほど、同じ生きものだからすぐにわかりあえるのだな。

いろいろな経験をして、はじめは怖かったものにも少しずつ慣れてきて。柵の中は、ママやきょうだいたちがいて、いつも温かくておなかもいっぱいで、いつまでもここにいたい気持ちはたくさんあるけれど、僕はそろそろ、この柵の中とお別れをするときが近づいているのではないかと、なんとなく感じ始めていた。

生後六週齢を過ぎるころになったので、そろそろ社会化を進めないと、とブリーダーさんがいう。社会化とは、イヌがヒト社会でうまくやっていくための作法を身につけるようなもの。さまざまな環境に連れていき、経験値を高めてあげる。この時期に経験したものは、生涯にわたって「知らない怖いもの」ではなくなり安心して過ごせるようになる。車の音や掃除機、獣医さん、見知らぬヒトやイヌとの積極的なかかわりを経験させなければ。とはいってもまだワクチンプログラムが終わっていない。へたに感染すると困るので、最初はリュックに入れて抱っこしながらの散歩。それでもさまざまな刺激に触れることができる。道端で出会う人々が、笑顔で挨拶してくれる。イヌ好きのヒトは、話しかけてきてくれる。これもイヌを飼い始めた効果、知らないヒトとの交流が格段に広がる。そして子イヌもいい経験をさせてもらえる。おそらく楽しい経験の積み重ねによって、「ヒト」という動物に対する印象がよくなることだろう。

イヌの行動を見ていると、ヒトが好きそうだというのもよくわかる。ヒトが近づいてきても、あまり怖がることなく、イヌも近づいていく。手や足の構造がこれだけ違うのだから、怖いのでは、と思うのだがそうでもないらしい。ヒトとの共生が二万年あるいは三万年といわれるイヌ。この進化・家畜化の中で、ヒトが好きな遺伝子が獲得され、イヌは生まれながらにしてヒト好き、ということもあるのでは？と思ってしまう。じつはスウェーデンの研究で、イヌ好きとそうでないヒトの遺伝子をくわしく調べてみると、どうやら「イヌ好き」遺伝子らしいものがあることもわかってきた。「イヌが好き」という遺伝子がどのように獲得されて、ヒトという集団に広がっていったのか。それに文化差などはあるのか。「イヌ好き」遺伝子を持っていないヒトは、どうやってイヌとの共生を受け入れているのかなどなど、その後の発見がないか、興味が尽きない。

さて、ワクチンプログラムが終われば、今度は実際にイヌどうしのふれあいを経験できる。今日は子イヌの散歩に同行させてもらった。近くの公園で、やさしそうな大人のワンを見つけると、「挨拶できますか？」と聞いて、近づけていく。遠くから見たときには「あ、イヌだ！」と楽しそうなプレイ・バウをしているものの、やはり近づいてくるとその大きさに圧倒。しっぽをおしりに丸めて、ごめんなさい、という。こういう挨拶のやりとりも持って生まれた能力かと感心している。そして、そのような繰り返しが大事な経験となる。

こんな楽しい子イヌの時期ももうしばらく。八週になるころ、ずっと一緒だった親きょうだいと離れて、わが家に引っ越しすることになる。そう思うと、親子、きょうだいと離してしまうのがほんとうにつらくさびしい。しかし、新しい家庭に、新しい家族として迎え入れてもらい、楽しい人（犬）生を生きていくには必要なことであり、この時期がもっとも適している。実際にブリーダーの家でずっと過ごすことで、他者に対する攻撃性などが高くなることも知られている。おそらく、イヌの「家族・群れ」という中枢変化が生じて、より血縁の結合が高まったためであろうと思う。もちろん、イヌにとってはそういう生き方もあるだろう。ただ、一般社会で知らないヒトとも挨拶できるようになるには、多少の別離は必要なのかもしれない。そして飼い主という新しい家族との関係性をつくっていくことになる。別離がつらくなく、楽しい旅立ちとなるためにも、受け入れる準備を万全にする。そんな作業も楽しい。

第3章
新しい世界へ

新しい家

少しずつ暖かくなって、吐く息も白くなくなってきたころ、僕はこの家にやってきた。カゴの中に入れられて、揺られているうちに眠ってしまったのか、そのときのことはあまり覚えていない。ただ、遠くでママの声がいつまでも聞こえていたことは今でも覚えている。

僕をこの家に連れてきたのはKというニンゲンだ。Kとは、ママと一緒にいたときに、じつは何度か会っている。この家に到着した日の僕は少し緊張していたが、好奇心に負けて、こっそり部屋の中を探検した。あの柵の中のにおいはもうどこにも見つからない。もうママとは会えないんだろうかと思いながらも、部屋のあちこちに置いてある魅力的なおもちゃを見つけることにうっかり夢中になってしまった。おもちゃを噛んだり振り回したりして遊んでいたが、そのうち、疲れてまた眠ってしまった。

Kがきょうだいたちの中から僕を選んだ理由はよくわからないが、正直なところ僕がまったく知らないところで事が進んでいたことは気に入らない。もちろん、あのころの僕はまだ小さかったし、突然のことで、なにが起きたのかもよく理解できていなかったが。なぜか柵の中で遊んでいたぬいぐるみもこの家についてきた。ぬいぐるみにはママやきょうだいのにおいがしみついているから、さびしくなったらそれを嗅いだりして、気を紛らわしていた時期もあった。でも、しだいに僕は、この家が僕の家であることを受け入れていった。ここが安全な場所だとわかったし、なによりなにもかも僕が独り占めできることに満足したからだ。

Kは、この家にきたばかりの僕にしばらくはあまりかまわず自由にさせてくれていた。この家にはいろいろなおもちゃが用意されていて、それはそれで噛むといろんな音がしたりして楽しかったのだが、なんとなく、そうじゃないものをガリガリしているほうが僕には楽しかった。歯がむずむずし始めて、なにか固いものを噛まずにはいられなかったという事情もあった。Kはよくおもちゃで遊んでくれたが、僕はおもちゃよりも、おもちゃをもったKの前足を噛んだときのKの反応がおもしろかった。ただ、歯のむずむずがおさまったのもあるけれど、何度か繰り返しているうちに、なるべくKが嫌がるものを噛むのはやめたほうがいいのだろうということがわかってきた。今まで僕はママやパパ、きょうだいの間でのいろいろなルールを覚えてきた。みんな、僕がなにを噛もうともいっこうに気にしなかったが、ニンゲンにとっては「おもちゃ以外は噛まない」というのは重要なルールなのだろう。

その代わり、Kは僕のルールも尊重してくれた。僕は白いシートの上でじょうずにトイレをしたいし、それは寝床からうんと離れたところじゃないと嫌だ。そして、寝床はひとりで静かに過ごせるけど、安心できる場所がいい。Kは僕のそんな希望をかなえてくれた。ただし、ときどきKは僕をひとりぼっちにして出かけてしまうことがある。そんなときは、我慢していたことをたくさんして、僕にさびしい思いをさせたことを後悔させてやるのだ。

こんなふうに、僕とKの共同生活は意外と順調にスタートした。

「コーディー、おいで」

Kが呼んでいる。相変わらずニンゲンのいっていることはよくわからないが、「コーディー」と「おいで」といわれたときはどちらもKの近くに早くいけばいくほど喜ばれる。あの声の調子だと、外に遊びにいきたいのだろう。僕がこの家にきたときに比べてうんと暑い日が続いているが、まだこの時間だと空気が涼しい。一緒にいってやらねばなるまい。

僕は急いで声のするほうへ走っていった。

いよいよ子イヌがわが家にやってきた！　長い道のりをひとり、クレートに入れられて、車で揺られてきたのがつらかっただろうに。よだれだらけで、気持ち悪そうな顔をしていた。扉を開けても、いっこうに出てこない。知らないところだからしかたないだろう。イヌの部屋を新調した。ここは、今日からコーディーの部屋だ。その端にクレートを置いて、少し離れて、私は床に転がり、コーディーが自分から外に出てくるのを待つ。クレートのそばには水のみと餌皿。ブリーダーさんから受けたアドバイスに従って、快適な居住空間とトイレを離すため、トイレシーツはクレートから離れたところに設置した。いろいろと考えた末、おもちゃとしてブタのぬいぐるみや固い木の棒を買ってきた。ブリーダーさんの心遣いで、親きょうだいのにおいがたっぷりしみついたぬいぐるみも一緒に持ってきた。これは貴重。クレートの中に入れておいた。

しだいに周囲に興味が出てきたのか、顔を出してきた。それでも不安そうに、周囲を見ている。私は寝たふりをして、自然に出てくるのを待った。五分だろうか……一〇分だろうか……ついに体も出てきた。やさしく声をかけ、あとは自由にさせた。そう、イヌを飼う前に決めたことがある。イヌはヒトとの生活に長けた、それも世界でもっともその能力を得たものなのだ。だから、彼にヒト社会とのあり方を自ら学んでもらおうと思った。一般的な飼育書とは真逆の方針。だが決断したのだ。なので、家の中のルールを教えないことにした。ルールがないわけではない。壊されたら困る家電もあるし、噛まれたら困る家具もある。なにがルールかを自分で学ぶように仕向けようと思った。言うは易く行うは難し、どうしても過剰にかかわりたくなるが、ぐっと我慢である。

到着初日、一時間程度周囲を歩いたら、コーディーはそのままクレートに寄りかかって寝てしまった。その安らいだ顔を見て、私も一安心であった。

最近読んだ本におもしろい研究が書かれていた。ヒトや動物が学習する際、大きく二つの方法があるという。一つは同じことを繰り返しながら覚える習慣的なもので、モデルフリーと呼ばれている。ああすればこうなるという学習をするのだが、これはたとえば「イヌがお座りをしたらおやつをあげる」を繰り返したら、イヌがお座りするようになった、などが該当する。同じことを繰り返せるように、報酬（この場合はおやつ）を与える。これを強化学習という。強化学習では報酬が必要なのだが、この報酬がじつは問題も含んでいて、場面と行動の関連性をかなり特異的に覚えてしまう。つまり「あ、この場面では座っていいようかな」という判断はできず、「お座り」といわれて餌を見せられたときだけお座りする。これに対して報酬は少なめ、自分自身で判断させて、自分から行動を起こしてその結果の良し悪しを理解しながら覚えるものをモデルベースという。たとえば、飼い主さんが椅子に座っているときに、隣で伏せをしたら飼い主から「Good」と軽くなでてもらうなどを繰り返す。イヌには過度の報酬を与えないし、自分で判断させて「伏せ」をしてもらう。こうすると、イヌがどのような状況ではどうしたらいいか、自分で判断して行動できるようになる。つまり脳の中に「こういう場合はこうするのがよい」というモデルができるらしい。臨機応変に対応できる能力が備わるのだ。さて、そんなことは知る由もないまだまだ小さなコーディーに「好きにしろ、自分で学んでね」と期待を託した。
最初の一週間はあまり無理させず、彼のペースで生活させた。声かけだけはたくさんした。おはよう、どうだい？　ただいま、おやすみ。そう、新しい家庭内のパートナーへの挨拶だ。散歩にいくときも、最初はいきたいところにいかせた。それでも、怖がりのせいか、なかなか歩かない。家を出るとすぐに座り込み、もう帰るという。それでは社会化が進まないので「コーディー、おいで」といって、誘ってみる。しだいに歩く距離は伸びたが、車の音、町の騒音がするたびに立ち止まる。自分自身で、なにごともないことを確認すると歩き出す。こうやって、新しい世界、新しい生活環境の中で自分にとって悪いものではないということを学んでいくのだろう。それが確認できると、楽しそうに歩き出す。そう、これからの彼の世界が楽しいもので満たされるよう、私もあせらず、ゆっくりと協力していこうと思った。

コーディーが家にきてから四カ月が過ぎ、暑い季節となった。動物病院の看護師さんから呼び戻しのトレーニングを教えてもらったので、毎日、家の中で練習した。自由に遊んでいるときに名前を呼んだ。コーディーがこちらを注目したら、さっそくほめる！　近づいてきたらほめる！　最後はなでておやつをあげる！だ。最初は不思議がっていたコーディーも呼ばれるといいことがあるらしい、としだいに呼び戻しに反応するようになった。そうやって、彼を呼んでから、散歩へと出かけられるようになった。

春先から気候もよくなり、ゆっくりと散歩して、新しい草木や花の香りを楽しみながら、散歩した。公園では、イヌのリードを離してもいいところがたくさんあったので、自由に走らせてみた。最初は怖がっていたものの、慣れてきた公園ではあちらこちらに残されている先にきたイヌたちの排泄のあとのにおいを楽しむように走り回った。そんなときに呼び戻しをトライしたが、におい嗅ぎが忙しいので、ほとんどの場合、無視された。やれやれ、価値判断からいうと私の呼び戻しはまだそんなに重要なことではないようだ。

色・音・におい

Kと僕は毎朝公園にいく。そこには僕と同じ生きもの、イヌがたくさんくるのだ。柵で囲われた芝生広場で、僕たちは情報交換をしたあと、自由に走り回ったり、においを嗅いで回ったり、追いかけっこをしたりして、思い思いに遊ぶのだ。しばらくは雨のせいで広場にこられなかったから、暇を持て余した僕は家の中でさんざんいたずらをしてKを困らせてしまった。最近はお天気もよくなって、でも、日中はとても暑いので、公園にくるのは早朝だ。ここにきたばかりのころの僕は小さすぎてKに抱かれたまま、みんなが楽しく過ごしているのを柵の外から見ているだけだった。最初に柵に入って、順番に大人のイヌたちに会ったときは緊張したが、ママが教えてくれたとおりにおなかを出してじっとしていたら、みんなすばやく僕のにおいを嗅いで、なにごともなかったかのようにまた遊び始めた。僕は無事に試験に合格し、今ではすっかりこの公園の仲間の一員となったのだ。

今日のKは、僕の大好きな「クジラボール」を投げて遊んでいる。Kは投げっぱなしなので、僕が拾いにいってやらねばならない。これは青と白がはっきり分かれていて、芝生に落ちてもわかりやすいし、拾ってきてやるついでに軽く嚙むとキューキューと音が鳴るのが楽しくて、僕はKにボールを渡して、もう一度投げるように促す。Kは公園におもちゃをいくつか持ってくるのだが、その中には、芝生と同じような色で、地面に落ちたら探しづらいものもある。だから、そんなボールで遊ぶとき、僕はボールが空を飛んでいる間に必死にキャッチするか、芝生に落ちて転がっている間に探さないといけない。それはそれでスリルがあって悪くはない。僕は動いているものはすぐに見つけられるけれど、動かないものを探すのは苦手なのだ。あと、できるなら真昼の明るいときよりも、少し光が弱い朝や夕方が好きだ。ニンゲンは暗くなるのが怖いのか、すぐに家に帰りたがるけど。

ニンゲンは僕たちとだいたい同じものが見えているようだが、においや音についてはいまいちだ。草陰にひそんでいる小さな生きものの声はニンゲンにはあまり聞こえないらしいし、町の中の耳障りな音はまったく気にしていない様子だ。そして、においについてはよほど強くないとだめらしい。僕たちはにおいで相手のことやなにが起こっているかを理解する。風に乗ってきたにおいで警戒すべきかどうかもわかるし、地面や草むらのにおいだって、僕たちがうまくやるための重要なてがかりだ。ニンゲンだって、においのサインを出している。調子が悪そうなときはなんだかそんなにおいがする。においでだれなのかも判断できる。でもニンゲンにはそれがまったく理解できないらしい。Kは、せっかくのにおいを毎日洗い流してしまうし、なかには変なにおいをプンプンさせてくるニンゲンもいる。音とにおいが伝わらないから、僕たちはニンゲンがわかるように行動しなければならない。そして、ニンゲンの反応を見ながら、ニンゲンが望んでいること、嫌がっていることを試しながら学んでいく。僕はまだまだ自分がやりたいことを優先してしまうけど、やっぱりなるべくならKが嫌がることはしたくないし、うれしそうな顔を見たいと思う。

広場の入口付近では、僕の知らないやつのにおいがした。僕がきたのとは反対にいったようだ。柱ににおいの印がついていたので、念のためにその上にていねいに僕のにおいをかけてやった。ここは僕のテリトリーだということをしっかり主張しておかねば。

コーディーを連れて歩くのはほんとうに楽しい。彼の世界はまだまだ楽しみと好奇心に満ちあふれていて、彼がなにを感じて、なにを覚えるのかを想像しながら、一緒に歩く。もちろんイヌの嗅覚はヒトのそれに比べて圧倒的に高い。外に出ると熱心に階段のにおい、芝のにおい、先に歩いたイヌのにおいを嗅いでいる。古い尿と新しい尿の違いはもちろんのこと、オスとかメスとか、年寄りとか若いかとか、犬種の違い、病気の有無までわかるといわれている。なんとも、ヒトでは考えられない能力だ。公園の入口や道端の電柱など、みんながこぞってにおいを嗅ぐところがある。そこはきっとヒトでいうと、人気のブログのようなもので、だれがなにを伝えるメッセージを置いていったのか、それに対してだれが上書き（尿をかける）したのかがたんまりと記録されているらしい。コーディーもまだまだひよっこながら、そんなイヌ社会の一員になってきたらしく、まだ弱弱しい足上げをして、おしっこをかけていく。残念ながらおしっこは狙った電柱から外れてしまい、メッセージとしては貧弱なものなのかなあと思う。

公園のボール遊びは楽しい。噛むと音の出るおもちゃは、おそらくイヌの狩猟本能を刺激するのか、一生懸命探して捕まえる。イヌの視力はヒトの五分の一から一〇分の一しかないが、その代わり動体視力は優れている。おそらく色を見るための錐体細胞が少ない分、明暗を見分ける桿体細胞が多くて、影の動きに対して敏感だからだろう。イヌの錐体細胞では、ヒトでいう赤の波長に反応する細胞がないため、イヌの色覚の世界は二色刷りである。赤と緑の違いなどが見分けられない。

なので、芝生に赤いボールを転がしても、あまりよくは見えないらしい。ボールが止まるとすぐに見失っている。お気に入りは白と青のコントラストがしっかりしているクジラボール。よく見えるし、噛むと「キュー」という。ネズミを捕まえたような気になるのか、一生懸命だ。夕方になっても、コントラストのあるものはしっかりと捕まえてくる。これはおそらくイヌの目にはタペタムといわれる組織があり、目に入った光を増幅させることができるから。暗闇でイヌの目が光って見えるのも、このタペタムの反射光である。

音に関しても、イヌのほうが感度が高いようだ。草むらで葉のすれる音や、虫の声に耳を傾けている。おそらく獲物をとらえるときに大事なシグナルだったのだろう。確かに、牧羊犬などは高い音にも反応するので、「イヌ笛」と呼ばれる高音域の音を使ったシグナルで、調教されている。いろんな感覚器の違い、それはイヌがこれまで生きてきた世界観をかたどったものの集大成。ヒトとは違った世界を持ちつつも、おたがいが重なる世界で生きる、そんなことを考えながら、今日の散歩は終点の家の扉へと到着。さ、足を拭いておうちに入って、夕飯にしよう。

おやつのゆくえ

朝からとても暑かった日に、クリーム色をした子イヌが一頭、家にやってきた。ちょうど僕がこの家にきたときと同じくらいの年齢だろう。いつ帰るのだろうと思っていたら、どうもそのままこの家に住むらしい。僕がきたときと同じように、部屋に白いシートがたくさん置かれ、新しいベッドが用意された。

冗談じゃない。僕はひとりでこの家での生活を満喫していたのに。なぜ相談もなく、勝手なことをするのだろう。このおもちゃもあのぬいぐるみも、全部僕のものなのに。Kが僕のおもちゃを一つ取り出して、子イヌに渡した。おもちゃがなくなってしまわないか、僕がじっと見張っていたら、子イヌはおもちゃを噛みながら勝気な目で僕をちらりと見た。

Kは気づいていないが、これは宣戦布告に違いない。嫌な予感がした。

僕の直感は正しかった。新入りはアニータと呼ばれるらしい。僕のものをなんでも欲しがった。僕の大事なクジラボールを欲しがり、僕のベッドの毛布を奪い、僕だけがもらっていたおやつも横取りしようとした。そして、なんといっても許せないのは、僕がKと一緒にいると、その間に割って入ってこようとすることだ。軽く噛むふりをして追い払おうとしたが、うっかり歯が強くあたってしまった。アニータはキャンと声を出しておなかを見せた。僕の中の最上位のルール、おなかを見せている相手には手出しをしないこと。一応礼儀はわきまえているらしい。くやしいけれど、許してやるしかない。

Kはときどき、両方の前足を握って僕の前に差し出す。おやつを食べるときの儀式だ。どちらかにおやつが入っているので、正解をあてられたらおやつにありつける。Kはにおいのてがかりをなくすためなのか、おやつを一つ両前足で数回持ち替えて、僕にわからないようにしてどちらかの前足に隠す。残念ながら、僕が本気でにおいをかげば、どちらに入っているかはすぐにわかるのだが。

さて、どちらだろうといつものようにじっくり調べようとしたら、いつのまにか隣にきていたアニータがあっという間にKの右前足にかじりついた。開いた右前足にはなにも入っていなかったので、僕はKの左前足に恭しく僕の右前足を重ね、無事におやつを食べることができた。

その後、二回、儀式は繰り返されたがどちらも僕が正解をあてた。アニータにはまだこの儀式がよくわかっていないようだ。すると、Kはアニータの前におやつをかざした。これはKが僕を座らせたいときにするしぐさだ。だから、僕はアニータよりもすばやく座ったのだ。それなのに、僕はアニータよりもきれいに座ったのに、Kはアニータにだけおやつを与えたのだ！　しかも四つも。

なんという不公平！

僕は抗議のために、しばらくの間はKのいうことは聞かないことに決めた。

コーディーも生後半年になった。思った以上に楽しい生活だ。彼の感じること、考えることがしだいに手にとるように感じられるようになってきた。子イヌは毎日、におい嗅ぎ、遊び、探検に大忙し。それでも飼い主との関係も大切なようで、なにかあるとジーっと目を見つめてくる。目を見られるとなんだかいとおしく、かわいがってやりたくなる。体の中の育児スイッチが押される感じだ。

当初から、コーディーにかわいいお嫁さんを迎える計画であった。それもできれば違うタイプ、ということで、アプリコットカラーのメスを探した。運よく、かわいい子イヌを紹介してもらい、無事に家に迎えることができた。ブリーダーさんとのやりとりも、コーディーのときと同じくとても親密に、信頼を持って行うことができた。そしてアニータがおうちにやってきた。

コーディーのときとは、様相がまったく違う。コーディーは、着いたとき、移動中の振動に耐えられず、ゲロまみれ、とても不安そうでかわいそうな姿であった。一方、アニータときたら、へらへら顔で、やっほ！といわんばかりの笑顔。後にわかる彼女の持つ、正真正銘の楽天家、ポジティブシンキングは出会いの瞬間から明瞭に表れていた。

二頭の、というかふたりの絡みは、見ていてまったく飽きない。ほんとうに楽しい。アニータは明らかにコーディーを追って、そして「真似」をする。社会的参照というようだが、年長あるいは親のやることを参照しながら、新しい環境に対して、より効率的に適応していく。そうはいうものの、さすがにコーディーとは同じことをすぐには学べないようで、コーディーの天才的な行動選択に比べて、お気楽な感じの行動を示すアニータ。コーディーが少しやきもちをやいたり、マネされることをめんどうそうにするのもまた楽しい。

巷で有名になっていたイヌと遊べる知恵テストをやってみた。まずは手の中におやつを隠して、そのおやつが見えなくても、まだ中にあることを理解しているかを見てみた。においがするからか、ずっと握りこぶしに執着している。ふむふむわかるらしい。テーブルの上からおやつを落として、その途中で袋に入れるようにしておくと、床に落ちたものと思うのか、必死に床を探している。物体がニュートン力学に従って落下、途中から見えなくなってもどこかにある、という感覚も持っている。ヒトでいうと、物体の永続性の理解、ということらしい。物体は突然なくなることはなく、その永続的な存在を予測して、たとえば落ちたと思ったものは床にあるはずで、その途中で消えることはない、と思って床を探すことになる。つまり、人間が突然消えてなくなるマジックを見て驚くように、イヌも驚くのだ。最近は、イヌの目の前で飼い主が毛布で姿を覆い、毛布を離した瞬間に隠れるという遊びも流行っているらしい。これも飼い主という物体の永続性を予測したイヌとの遊びである。

次はこれ。三つのタッパーにおやつを入れておいて、一つだけ食べさせる。なくなったことがわかった時点で一度、部屋から退出。その後、再度部屋に入れてみた。すると自分が食べていないタッパーに向かっていった。食べたらなくなった、というのも（あたりまえといえば、あたりまえだが）わかるらしい。こういう知恵比べ的な遊びも、コーディーは楽しいらしく、集中してやってくれる。そしてその天才ぶりを発揮していた。一方、アニータといえば、もらえなくても「かわいいから私には特別にいつでもくれるでしょ」と持ち前の前向き思考を発揮して、へらへらしていた。これはこれでやっぱりかわいい。

ふたりと一緒に暮らしていると、その個体間の関係も観察できる楽しみがある。集団で生活し、共同で狩猟や採食をする動物では、不平等嫌悪というものがあると聞く。これは集団で取得した餌資源が平等に分配されない場合に、嫌悪反応を示すこと。ヒトではもちろん広く知られており、イヌも不平等嫌悪が認められる。お手やお座りをしたのに、自分は餌をもらえず、隣のイヌだけが餌をもらっているのを見ると怒り出すという。実際にやってみると、すぐさま、コーディーの顔色が……笑顔から真剣に、そして嫌そうな横目でにらむように変化していった。なるほど、これか。でもかわいそうだから、これからはこんなことはやめようと思った。かわいそうなことをした。

目じるし

アニータは、芝生広場でも好き放題だ。ニンゲンたちにちやほやされているのをいいことに、調子に乗ってほかのイヌたちにも絡んでいる。なにか不都合があればおなかを出せば許されると思っているところが腹立たしい。クジラボールをねだられるのが嫌なので、僕はアニータを振り切って、いつもの仲間たちと追いかけっこをする。さすがについてくることができず、アニータはうらめしそうに遠くで吠えている。

この芝生広場は広い。柵でいくつかの広場に仕切られているが、普段は柵の扉が開いているので、いろんな広場をいったりきたりして追いかけっこができる。広場の中には茂みや林もあるので、追いかけっこに夢中になって、自分がどこにいるのかわからなくなることもよくあった。最初のころはびっくりして、むやみに走り回ったりしたものだが、最近は遠くに見えるあの山の方向にいけば、たいていは入口の近くの広場に戻れることを発見した。僕はよくKと一緒ににぎやかなところにも散歩に出かける。大きな塊が勢いよく動いているのでなかなかスリルがあるが、今ではすっかり慣れた。広場と違って見通しは悪いが、だいたいいつも同じ場所を歩いているので、たぶんそこからひとりで帰れといわれても見慣れた建物が目印になるので大丈夫だろう。

今日もアニータを振り切るために、僕はクジラボールを咥えたまま全速力で茂みに向かって走った。振り返ると、柵の向こうでアニータが僕を探している。茂みがじゃまで向こうからは僕の姿が見えないのだろう。一生懸命探している姿を見ていたら、なんだかかわいそうになって、クジラボールを茂みの陰に置いて、茂みを飛び越えた。僕が姿を現すと、アニータはうれしそうにわざわざ柵の入口まで戻って、こちらに走ってやってきた。もう少し先に進めば、僕がいるところに近い柵の切れめがあるのに。アニータはまだ小さいので、そのあたりの勘がまだ今一つのようだ。このままではクジラボールが見つかってしまうので、僕は先にアニータのほうに走り寄って、そのまま違う方向に走っていった。クジラボールはまたあとでとりにこよう。

子イヌのころは楽しい運動が必要だろうと、近くの公園に連れていって、ドッグランで走らせてあげた。ふたりとも無尽蔵の体力を備えているのか、炎天下でも水を飲みながら一、二時間、止まることなく走り続けている。アニータはコーディーを頼りきりで、コーディーが茂みで見えなくなったり、彼が超特急で遠くまでいったりすると、どこー?っていうような感じで吠え続けている。

ふたりの距離は最初に比べるととても近くなってきたが、まだ家族というほどではない。アニータはコーディーを頼っているが、コーディーはまだ守ってあげる、というところは見られない。それでもしだいにアニータのことを気にかけてあげているようだ。イヌは数回こういう広場にくると、だいたいの地形を覚えるらしい。なにを手がかりにしているのかわからないが、一周ぐるっと回ってきても、もとに戻ることや、近道などもすぐに覚える。街中を散歩していても、一度歩くと、「次はこっちでしょ」と案内までしてくれる。やはりまだ野生の能力が残っているのか、人間と同程度か、それ以上の空間定位能力を備えているらしい。それだけではなく、動物は地磁気も感知できるらしく、その記事はほんとうにおもしろかった。三七種のイヌ七〇頭を対象に、二年間で一八九三回の排便と五五八二回の排尿を調査したらしい。イヌは東西の向きは好きではないらしく、体を南北に沿わせて排泄することを好むことがわかったという。はたしてどういう意味があるのか。人間では考えられないが、彼らの持つ地理認知、移動能力は、やはり優れているのだろう。しかし、そんなものを微塵も見せないアニータのお気楽な生き方も、ある意味、興味深い。

芝生広場には友だちがたくさんいる。耳が立っていたり、長く垂れていたり。しっぽが丸まっているイヌもいれば、動くたびに毛がひらひらと優雅に揺れるやつもいる。顔の形、毛の色、体の大きさもさまざまだ。僕の足や体は、黒くてふわふわしている。いつもお湯で洗われて、温かい風に吹かれながら毛をひっぱられて整えてもらうのだが、必ずしもみんながそれをしなければならないわけではないらしい。ちなみに、水に濡れると僕のふわふわはくるくるとカールする。僕は水を見るとつい飛び込みたくなるが、そうするとKがちょっとあわてるので、我慢できるときは我慢するようにしている。

僕たちの仲間は毛の様子や色で性格もなんとなくわかるような気がする。耳が三角に垂れた太めのしっぽを持ったやつらは、あまり細かいことは気にせず、たいていのイヌと気があうようだ。彼らはせわしなく動き回り、優雅ではないが、陽気で楽しい。僕はどうも、薄茶色をした小さな三角耳の、しっぽがくるりと巻いたやつは苦手だ。なにを考えているのか、わからない気がするのだ。あと、僕と同じふわふわでも、黄色っぽいのは遊びが激しくて、最後までつきあうのはなかなか骨が折れる。鼻がとびきり低くて、いつもフガフガといっているちょっと不格好なやつらは、どこを見ているのかがよくわからない。興奮したら体あたりをしてくるので要注意だが、基本的には楽しい遊び相手だ。

でも、見た目だけで単純に判断できないので、僕は初対面の相手はにおいをしっかり確認してから遊びに誘う。あまりけんかをすることはないけれど、それでもときどきそりのあわないやつがいる。やっかいごとは苦手なので、そいつがいるときはなるべく近寄らないようにするし、こちらに敵意がないことを示してやりすごす。

僕はあまりニンゲンのことは気にしない（ときどきおいしいものをくれるニンゲンのことはちゃんと覚えているし、礼儀正しく挨拶もする）。だが、なかにはニンゲンが苦手なイヌもいる。事情はよく知らないが、おそらくニンゲンに嫌な思いをさせられたのだろう。ときどき、無理やり挨拶してくるニンゲンもいるが、ニンゲンは僕たちのように鼻が利かないらしいし、すばやい動きを読み取ることも苦手なようだ。だからルール違反を犯すこともある。こんなときはニンゲンとイヌとの違いをあらためて感じるが、できないことを求めてもしかたがないので我慢するしかない。イヌにはイヌのルールやプライドがあるのだから、じゃまをしないでほしいと思うこともないわけではない。

昨日、家に帰ってからクジラボールがないことに気がついた。アニータがとったんじゃないかといろいろと探し回ったけれども、もしかしたら広場に置いてきてしまったのかもしれない。だから今日は、アニータのことは放っておいて、広場をうろうろと探していた。そのとき、今まで聞いたことのないようなアニータの悲鳴が聞こえてきた。

急いで、悲鳴がするほうへ走っていったら、アニータが黒い二頭のイヌに襲われていた。僕も知っている、短くてつやつやとした毛をした、耳が三角に垂れた太めのしっぽを持ったイヌたちだ。普段は楽しい遊び相手なのだが、僕の体は勝手に動いて、そのうちの一頭の首元狙って飛びかかっていた。

ドッグランにはいろんなイヌが遊びにきている。ラブラドール・レトリバーやゴールデン・レトリバーなど、いつも楽しそうに、しっぽをぶんぶん振りながらへらへらしている。柴犬は少し雰囲気が違い、すぐに「マジ」になる。真剣な顔をして、遊びも半端ない。一番よくわからないのは、フレンチ・ブルドッグやパグ。笑っているのか、つらそうなのか、いつもゼイゼイしていて、少しかわいそうである。イヌを飼い始めてから、さまざまな犬種を覚えた。そしてその犬種の成り立ちもおもしろく読みふけってしまう。たとえば、ダックスフンドはよく吠えるが、もともとアナグマのための猟犬で、巣穴に入って吠えてアナグマを追い出す仕事をしていたらしい。なので、彼らにとっては、吠えることが遺伝子に刻まれた仕事なのだ。遊びを見ていると、柴犬のような遊びなのかけんかなのかよくわからない厳しい行動を示すものから、パグのような緩すぎでなにを意味しているる行動なのか理解するのがむずかしい犬種までいるが、これはどうやら犬種がどれだけ家畜化されているかによるらしい。柴犬はじつは、オオカミに近い犬種で、複雑な（真剣な？）遊び行動のレパートリーを持っている。一方、フレンチ・ブルドッグはもっとも家畜化が進んだ犬種グループで、行動のレパートリーが少ない。おそらくイヌどうしのコミュニケーションもうまくとれていないのではと思ってしまう。人間が見ても怒っているのが歴然としているイヌに対してもへらへらしている。大丈夫かなと思うと、やっぱりそのあとに怒られていた。どうやら、イヌの遊び行動の相性もあるみたいだが、その半分くらいは犬種差のような気がする。なかには絶対負けたくないというイヌもいて、こういうイヌもあちこちでもめごとを起こす。イヌの世界も、譲歩が大事なんだろうと思って、ついつい人間社会を投影して見てしまう。

なかにはヒトが苦手なイヌもいる。嫌な思いをしたことがあるのか。あるいは小さいころの社会化がうまくいかなかったのか。イヌの社会化は、ヒト社会で生きていくための術を身につけるようなもので、掃除機の音や（わりに怖がるイヌもいるらしい）、知らないヒトとのかかわり方が身につく。飼い主しか知らないと、知らないヒトに恐怖を感じたり、攻撃的になったりもする。じつは、コーディーとアニータは動物病院で社会化のしかたを教えてもらったし、動物病院に対しての社会化もとてもじょうずにしてもらった。受付のお姉さんが、たくさんほめて、おやつをじょうずに与えてくれたことで、ふたりとも動物病院が大好きになり、散歩中にいくいくといって聞かない。それでちょこっと立ち寄ると、またお姉さんがおやつをくれる。こうやって動物病院での診療や注射もなんら怖くなく、どちらかというと楽しく実施できるようになった。なるほど、社会化は大事だ。

ある日、公園で遊んでいると、アニータが黒のラブラドール・レトリバーに囲まれ、突然集中砲火のような攻撃を受けた。おそらく家族のラブラドール・レトリバーだったのだろう。アニータが彼らのおもちゃで遊ぼうとしたその瞬間、アニータめがけてラブラドール・レトリバーが噛みついてきた。アニータが少し成長して、大人個体の群れへの侵入者として見なされたらしい。イヌにはイヌのしきたりやルールがあるので、どこかの一線を越えると、ほんとうに激しい攻撃が起こったりもする。次の瞬間には、コーディーがアニータに加勢していた。それも激しく吠えながら噛みついていった。すぐに止めに入ったため、大事にはならなかったが、それ以来、アニータは黒のラブラドール・レトリバーが大嫌いになってしまった。小さいころの記憶は、なかなかやっかいである。

第4章

イヌの世界

家族

見覚えのある光景だ。でも、僕の記憶は「あちら側」のものだ。まだよちよち歩きの子イヌたちがわらわらと追ってくる。ああ、僕もこうやって、一生懸命追いかけて「パパ」に遊んでもらったのだった。

初めて見る僕の子どもたちだ。どんどんおなかがふくれてきて、ふうふういいながら散歩しているアニータを心配していたが、アニータは前にもまして強気になってきた。そして、ある日、新しくつくられた木箱の中でアニータの様子がおかしくなってから、僕は部屋から追い出された。生まれたばかりの子どもに近づいたら、アニータが唸り声をあげるからだ。それからしばらくの間、アニータは部屋にこもりっきりで散歩のときにしか会うことはなかった。アニータがきてから、僕とアニータはほとんど一緒に暮らしてきたから、こんなことは初めてだ。最近、ようやくアニータは部屋から出てくるようになり、僕も部屋に入れてもらえるようにはなったけれども、柵の中に入ることはまだ許されない。でも、今日は僕が遊んでいる部屋に子イヌたちが連れてこられたのだ。小さいくせに意外とすばやくて、僕はあっという間に囲まれた。どう扱っていいのかわからず、鼻でつついてみたり、においを嗅いだり。走り出したら楽しそうについてくるので僕もつい楽しくなって、遊びに誘うポーズをしてみたら、一丁前に同じように小さなおしりを高く上げて甲高い声で吠えてきた。走ったり転がったり、ひとしきり遊んで一息つこうと伏せたところに、耳を強く噛んできたので、僕はとっさに前足で押さえて歯をむいた。子イヌは驚いて逃げようとしたが、ここで許してはいけない。僕もこうやって、ママやパパに生きていくうえでのルールをしっかり教えてもらったのだ。子イヌはあきらめて、おなかを見せた。

アニータが子どものころに芝生広場で黒いイヌたちに襲われる事件があったが、それは彼らが遊んでいるおもちゃをアニータが横取りしようとしたことが原因らしい。普段は礼儀をわきまえているアニータだが、その日は調子に乗って、ルール違反をしたのだろう。僕は普段はイヌどうしのいざこざには巻き込まれないように、横で見ているだけなのだが、あのときはとっさに黒いイヌたちに戦いを挑んでいた。ただし、一度首に噛みついてやったところで、まわりのニンゲンたちにとり押さえられてしまったけど。走ってきたKにこっぴどく叱られて、アニータともどもその日は芝生広場から退場となった。

そもそも、ことの発端はアニータだったのだけれども、僕がやったことはまちがっていなかったと思っている。アニータは僕のものをすぐに欲しがるし、生意気だし、そのくせニンゲンには甘えた行動をするいけ好かないやつだから、自分でもとっさにあんなことをしたのは不思議だった。でも、まだ子どもだし、一緒に寝て、ごはんを食べて、遊んでいるうちに、僕が守らなければならないと思うようになったのだろう。僕は黒いイヌを噛んだけど、大けがをさせないように加減したし、アニータにもけがはなかったので、ニンゲンどうし、たがいに謝って終わったようだ。ただし、アニータはかなりショックだったようだ。しょんぼりとして、その後、あの黒いイヌたちだけじゃなくて、似たようなイヌも避けるようになった。

そんなことがあったせいかどうかはわからないが、アニータは礼儀に厳しいイヌに成長した。僕に対してわがままなのは相変わらずだが、失礼な態度のイヌにはピシャリとお仕置きをする。だから、自分の子どもたちにも厳しい。僕はまだ慣れていないし、子イヌたちは小さくてふにゃふにゃしているので、腰が引けているのが自分でもわかる。一方、アニータは子イヌが少しでも気に入らないことをしたら、間髪入れずに押さえ込む。子イヌがおなかを見せたら、顔をペロッと舐めて解放する、そのタイミングは僕には真似できない。気に入らないことはその時々で違うようだけど。子イヌたちは解放されたあとはケロッとして、また遊びの続きを始めている。なにごとも加減とタイミングなのだ。

僕のきょうだいたちが今どこでなにをしているのか、僕は知らない。会ってもおたがい覚えているのだろうか。僕を最初にお世話してくれたニンゲンのことは覚えていた。Kの家にきてから、一度だけ会ったのだ。見た瞬間、会ったことのあるニンゲンであることはわかった。小さいころにごはんを食べさせてくれたり、かわいがってくれたりしたことを思い出して、僕はぴょんぴょん飛び跳ねてしまった。でも、ママやパパ、きょうだいたちとは一度も会っていない。

しばらくしたら、僕とアニータの子どもたちはみんないなくなってしまった。アニータはさびしそうにしていたが、少しせいせいしたような顔もしていた。最後のころはみんなやんちゃすぎて、さすがのアニータもうんざりしていたからだ。

コーディーに続き、アニータを迎え入れたのは、いつか子イヌを育ててみたい、という私の願いからであった。いろんなインターネット上の動画を見ても、子イヌというのは、もう天からの恵みでしかない。かわいくうごめき、天真爛漫。見るものすべてを楽しい気持ちにしてくれる、そう期待していた。もちろん、実際に子イヌを産ませ、育ててみると、苦難の連続であった。それでもかわいい子イヌの姿を見ると、育児の疲れなど吹き飛んだ。

アニータの出産は、おおよそブリーダーさんから聞いたとおりであった。多少、不安があったものの、妊娠が進むごとにうろうろと動き回り、毛布を掘り返して巣づくりを開始した。分娩が始まるのは体温である程度予想できた。いざ出産が始まると、二時間おきに八頭の子イヌを産んだ。とても安産だった。最初の子イヌを産み終えてから、せっせと子イヌを舐めては自分の腹部に移動させ、授乳していた。これが丸二日間、おそらくほとんど寝ることなく、世話をした。飼い主が子イヌに触れることは許したものの、旦那のコーディーはダメらしく、巣のまわりに近づくと唸り声をあげていた。これが子どもを守るための母性攻撃行動、というものらしい。それもしだいに緩やかになり、一週間後にはコーディーも念願の子イヌとの面会を果たした。それまでは、アニータと子イヌの存在がわかるものの、見ることができないフラストレーションをためにためていた。このようにして母子間の絆が形成され、コーディーも父性を獲得したらしい。家族の絆とは、進化的には自己の複製遺伝子であるわが子を守ることでの、適応度の上昇ということらしいが、そういう進化論的計算ではいい表せない気分がこちらにも伝わってくる。

家族の絆は、気持ちの問題ではなく、そのような生体の持つシステムのように感じる。メスは妊娠出産で、そのスイッチが入り、オスも交尾や子イヌとのふれあいでスイッチが入るようだ。家族の絆を感じたエピソードがある。アニータは子イヌのころ、公園でめずらしくおもちゃの奪い合いで黒のラブラドール・レトリバーとけんかになった。アニータが攻撃を受けたその瞬間、それまで黒のラブラドール・レトリバーと楽しく過ごせていたコーディーもアニータに加勢し、黒のラブラドール・レトリバーを攻撃した。私自身もそばにいたが、そんな急変するとは思ってもおらず、対応が遅れた。黒のラブラドール・レトリバーの耳と唇から血が滲んでしまった。相手の飼い主さんに平謝りをして、その場を出ていった。イヌを叱りつけてしまったが、よく考えれば、彼らは生体に刻まれた家族の絆に従ったまでであろう。それ以来アニータは、黒のラブラドール・レトリバーとはうまくつきあうことができなくなった。

アニータは出産育児を通して、イヌの礼儀に厳しくなった。子イヌを育てる際にも、イヌの世界で無礼といわれるような、前足で相手に乗りかかる、場所をわきまえずにさわぐなど見かけると、その子イヌを追い回し、ひれ伏せさせた。子イヌが服従姿勢であるへそ天（仰向けになる）をするとようやく許し、その代わりに顔や耳をていねいにグルーミングしてあげていた。じょうずにアメとムチを使い分けているようだった。そのようにして、子イヌは母イヌからイヌの世界の礼儀を教わる。この光景、まさにコーディーが子イヌのときにブリーダーさんのところで見たのとまったく同じであった（このような母イヌのしつけは、英語ではmaternal disciplineという）。そうはいっても、子イヌはパピー・ライセンスといわれる免罪符を持っていて、ほんとうの意味での攻撃を受けることはない。いずれにしても、イヌ社会の秩序を形成する大事な要因なのだろう。集団を形成する動物にはなんらかの決まり、とくに集団の維持のためのシステムがあるはずだ。おそらくそのような機能は、認知機能が高くなるにつれ「秩序」といわれるようなものになる。メダカの集団遊泳は秩序だっているが、これはおそらく視覚情報と運動命令の組み合せであろう。イヌ科動物になると、集団の機能が高まり、集団防衛や集団での狩りが可能となる。そのためには、秩序だった群れの統制が重要になるし、新入りの子イヌたちは群れの秩序を学んでもらうことになる。アニータが必死に子イヌたちに教えていることは、おそらくイヌの祖先が実際に持っていた集団の「秩序」の継承であろう。子イヌはそんなことは微塵にも思っておらず、「ひゃーまたおかあちゃんに怒られたー怖いよー」とアニータのしつけに従っているだけである。がんばって学ぶんだぞ、と心の中でメッセージを送ってみた。

再会

僕とアニータの最初の子どもたちがいなくなって、暑い日が続くときと寒い日が続くときを三回繰り返したあと、僕とアニータは引っ越しをした。正確には、Kが引っ越しをしたのでそれについていったのだ。住む家が変わっただけではない。今までKは、朝出かけて夜遅くならないと帰ってこないことがよくあった。アニータが一緒だからそんなに退屈はしなかったけれど、ひとりだったときはこのままKが帰ってこなかったらどうしようと不安になったりしたこともあった。引っ越しをしてからは、僕たちも朝からKと一緒に出かけるようになった。古い建物の中の殺風景な部屋だけども、毎朝ここにきて、日中はほかのニンゲンたちと遊んでやって、夜はまたKと一緒に家に帰るのだ。ニンゲンたちは、僕が引いてしまうような悪ふざけをすることもあったけど、そんなときはアニータが吠えて指導するのだ。ニンゲンには、イヌどうしのようなことはできないし、僕たちの細やかな表現は伝わらないので、声に出すのが一番効く。

あるとき一頭のイヌがこの建物にやってきた。僕と同じ姿をしていて、もしかしてと思っていたら、アニータはすぐに気づいたようだ。僕たちの子ども、最初に生まれたアオだった。アニータは侵入者にはとても厳しい。知らないイヌが部屋の中に入ってきたときは、気が済むまでにおいを嗅いで、礼儀のなっていないイヌは許さない。でも、アオのことは覚えていたのだろう。ていねいににおいを嗅いだけれども、ほかのイヌに対するような厳しさはない。アオはパンチと呼ばれている。強そうな名前だけれども、パンチはちょっと気が弱いらしい。アニータのチェックの間、かわいそうに、しっぽを足の間にしまっていたが、アニータの許しが出たあとは少しずつ落ち着いてきた。ただし、調子に乗って飛び跳ねたりするとアニータの指導が入るのだ。子どものときと同じようになにがよくてなにがダメなのかはそのときアニータが決めるのだが。パンチはMというニンゲンの家にいるそうで、僕たちのように、Mと一緒に毎日この部屋にくるようになった。僕たちは日中は親子で過ごすことになった。

子イヌたちは八週を過ぎたころ、新しい飼い主さんのもとに巣立っていった。アニータの最初の子、青いリボンをつけていたのでアオと呼ばれていたオスがいた。私にとっても最初の子イヌだったので、アオにはとくに思い入れがあった。アオは大学の後輩であるM君の家に引き取ってもらった。M君は獣医師であり、動物学を専門にしていた。これ以上の環境はないだろうと、わが子の旅立ちを祝った。理解のある里親さんであれば、きっと大事に育ててくれる。M君とその家族は何度かうちにきて、アオと戯れていった。それは私が最初にコーディーをもらい受けたときにしたようにしだいに慣れてもらうこと、子イヌたちの社会化の目的もあった。

アニータの出産から三年、私は仕事場を変えた。都心の大学から郊外の小さな大学へ。その大学は都心の大学とは違い、少しほのぼのとした雰囲気があった。大学へもイヌを連れていくことが許されたので、異動してからは毎日、コーディーとアニータと一緒に出勤した。出張以外は二四時間つねに一緒に過ごすことになった。コーディーとアニータもその環境を気に入ったようで、学生さんと一緒に遊び、ときには叱りつけ（イヌが）、刺激の多い毎日を過ごしていた。

異動して半年経ったとき、M君が同じラボに異動してきた。教員の公募があり、応募してみては、と勧めてみたら、うまく事が運んだようだ。M君も私が二四時間イヌと一緒に過ごしていることをうらやみ、大学の近所に越してきて、パンチ（アオを改めて、毛がパンチパーマらしかったので、パンチと命名したらしい）を大学に連れてくることになった。

パンチとアニータ、コーディーは三年ぶりの再会である。はたして、コーディーやアニータは覚えているのだろうか。緊張のときを迎えた。パンチが廊下に到着した時点で、そっとアニータとコーディーを廊下に出した。もし知らないイヌであれば、この時点で吠えついている。出ていけ、知らないイヌめ！と。しかし、そのような吠える様子はまったくなかった。コーディーはパンチを見るなり、不思議そうな顔をして、「なんだ、むむ、これは」といいたげであった。アニータはパンチを見つけるや否や、さっさっと威厳のある姿勢で近づいた。パンチは、小さいときのしつけを覚えているのか、ぴたっと動きを止めて、しっぽをおしりに巻きつけ、「ごめんなさい、今まで不在にして」といわんばかりの恐縮した姿勢であった。その間、アニータが念入りにパンチのにおいを嗅ぎ、自分の息子であることを理解したらしい。イヌの尿には個体に関する情報が入っているらしいが、それは生涯にわたり一定なのか、においで弁別している様子がうかがえる。アニータはパンチが一緒にいることを受け入れた。コーディーはアニータにならい、パンチのにおいを嗅いで、なんだか楽しそうにしている。なるほど、三年経っても自分の子はわかるらしい。パンチも、小さいときにアニータにしつけられたこと、その流儀を覚えているらしく、体はアニータよりも一回り大きいものの、アニータの前では子イヌのときそのもの。萎縮して、それでも敬愛している様子がかわいい。そのようにして新しい生活が始まった。アニータはパンチが三歳になっても、やはり母親。以前と変わらぬ厳しいしつけをパンチに課していた。こうやって家族の再会と新しい日中の生活が始まった。

群れ

今日は朝からKがいない。いつもどおり部屋に一緒にきて、しばらくしたら僕たちを置いてどこかに出かけてしまった。僕は、ひとりでいることもできるけれども、できればずっとひとりきりではいたくない。じゃあ、だれと一緒にいたいのかと聞かれると、だれでもいいわけではなく、一緒にいて安心できるのはKとアニータだろう。Kと僕は対等な関係だと感じているが、アニータは、彼女のわがままに振り回されることもあるけれど、どちらかというと僕が彼女を守っている立場だろう。パンチはもうすっかりこの部屋になじんでいるが、僕たちとは付かず離れず、Mのそばにいることが多い。それでも、なにかあればやはり僕がパンチを守らなければならないのかもしれない。

なんとなく情けない顔をしてアニータから隠れるようにしている新入りのフックのことも気にかけてやらねばならない。僕たちは、いざこざはときどきあるが、なんとなく一つにまとまっているようであり、僕は立場上少し責任を感じてはいる。

パンチとの再会後は、この部屋に出入りするニンゲンたちがときどきイヌを連れてきたりしていたが、とくに僕たちと一緒に過ごすことはなかった。次にこの部屋のメンバーに加わったのがフックとNだ。フックはとてもおとなしい黒いイヌで、なんだか情けない顔をしていた。しかし、フックがこの部屋のメンバーに加わるにあたって、一悶着起きた。アニータがフックを受け入れなかったのだ。フックは短くてつやつやとした毛をして、耳が三角に垂れ、太めのしっぽを持っていた。そう、子どものころに芝生広場でアニータを襲った黒いイヌたちにそっくりだった。フックはしばらくはアニータに攻撃されないように、Nの陰か、アニータから見えないところでじっと息をひそめて過ごすしかなかった。アニータの執念深さには驚いたが、子どものころのショックは根深く残るということか。フックはフックで変わったやつだ。僕は子どものころにフックに似たやつとは散々遊んできたので、彼らが底抜けにおひとよしな性質であることは知っていたが、フックはそれに輪をかけて、無抵抗を絵に描いたようなイヌなのだ。フックはニンゲンにされるがままだし、もちろんアニータに反撃したりもしない。だいたいフックの「声」を僕は聞いたことがない。ただし、かなりの食いしん坊で、アニータを怖がりながらも、ニンゲンが食事を始めたら、そそくさと横に座り、よだれを垂らしながら見ているから、ほんとうはアニータのことはそんなに怖がっているわけではないのかもしれない。

夜、KがNと一緒に大きな荷物を抱えて戻ってきた。その中には二頭の子イヌがいて、そのうちの一頭は吐き戻したらしく、少し酸っぱいにおいがした。アニータの反応が気になったが、ていねいににおいを嗅いだあと、うれしそうにしっぽを振っていた。首に巻いている布が黄色っぽいのが「ジャスミン」、青黒いほうが「チャーリー」らしい。ふたりとも僕と同じような黒い毛並みで、僕たちの子どものだれかなのだろうかと思ったりもした。ジャスミンは見た目は僕に似ているが、性格は子どものころのアニータに似ているかもしれない。チャーリーは気は強そうだが単純そうだ。二頭は、最初のうちこそ、部屋の中のにおいを恐る恐る嗅いで、様子をうかがっていたが、とくに危険なことはないと察したのか、そのうち走り回り出した。ときどきアニータに叱られながらも散々遊び尽くしたあと、二頭はコトリと眠ってしまった。ジャスミンはK、チャーリーはNの家に住むらしい。しばらくは彼らから目が離せない。忙しい毎日になりそうだ。

新しい職場は、新設の研究室だった。とはいえ、建物は古いものをリノベーションしたので、そんなにピカピカとまではいかない。建物が古いおかげか、イヌの出入りは自由で、いつでもイヌを連れて大学にこられるのはほんとうにありがたかった。異動当初は細々としたメンバーだけであったが、しだいに人数も増えてきた。Nさんは同じ大学のほかの研究室からの異動で、研究員としてメンバーに加わった。こちらも大のイヌ好きで、フックという黒のラブラドール・レトリバーを飼っていた。さすがにコーディーとアニータの家族ではないため、簡単には群れに入れてもらえない。家族の絆は想像以上に固く、よそ者を受け入れないのだ。イヌは社会的寛容性が高く、いろんな個体と遊べ、挨拶できるようになるといわれているが、それは一般的な家庭犬での話だろう。家族として固定化されたメンバーで飼育すると、内集団に対するひいきが大きくなり、並行して外集団に対して攻撃的、排他的になる。これはいずれの動物でも、それはヒトを含めても、同じようになるといわれている。集団内が血縁や均一化されたメンバーで構成されると、しだいにその結束が固くなる。その固い内集団の絆と外集団への排除行動はいずれもがオキシトシンの効果らしい。オキシトシンは絆を形成しつつ、外集団への攻撃性を高めることがヒトの心理学でも示されている。アニータとコーディーを中心とした家族というのは、やはり同じしくみで群れが形成され、よってフックはなかなかメンバーとして認めてもらえなかった。さらに、アニータの中には、黒のラブラドール・レトリバーと一悶着した経験が、予想以上に根深く残っているようで、犬種としても嫌っている様子があった。日中はNさんの足元にクレートを置いて、安全を確保して中にいてもらった。しだいににおいの慣れが生じて、そこにいることだけは許されていった。ただし、動き出すと相変わらずの厳しい制裁を受けるような状況にあった。

唯一の救いはフックの気質であった。そのような状況にあっても、おやつやごはんがもらえれば幸せ、という顔をしている。緊張する顔も見せていたが、それはほんの一瞬で、ほとんどが緩い感じであった。先に書いた、社会的寛容性のもっとも典型的な例かもしれない。さまざまな犬種が生まれる過程で、スタンダード・プードルは、わりにオオカミの気質を持っているようであるが（書物によるとオオカミよりも攻撃的ともある）、ラブラドール・レトリバーはさらに家畜化が進んでいる。つまり、「緩さ」を極めていった犬種といえるのかもしれない。それはすばらしいことでもあったが、同時に彼からイヌが本来兼ね備えていた野性を失わせていた。

日中の散歩には、コーディーとアニータに加えて、フックも参加してもらった。一緒に歩くことで、親近感が高まると想定したからだ。ヒトでは実験的に同調行動をとってもらうと、その後の関係が親和的になることが知られている。イヌでもおそらくそのようなことがあると思う。「ともに歩む」「歩調が合う」などは、ほんとうに一緒に歩くことから派生したものだ。そうしているうちに、散歩は仲よく歩けるようになり、それにつれて、研究室の中でのフックの行動も受け入れられるようになっていった。

パンチときょうだいであったモアナが出産したとの連絡を受けたのは、ちょうどそのころであった。コーディーとアニータも七歳になり、ついに老犬の仲間入り。先を考えると次の子イヌを受け入れる時期である。そこで、モアナの飼い主さんに連絡し、私が一頭、Nさんが一頭、イヌを譲り受けることとした。子イヌが八週齢になったとき、茨城県のご自宅までうかがい、電車に乗って帰ってきた。帰り道、紫のバンダナをしたオス（Nさんのおうちに引き取られるチャーリー）は平然としていたが、メス（オレンジのバンダナ、こちらが私の家にくるジャスミン）は乗りもの酔いをしたらしく、つらそうな表情で今にも吐くぞっ、と構えているように見えた。チャーリーもジャスミンも子イヌの特権を使って、ほぼ初対面にもかかわらずすぐに家族として迎え入れてもらった。いやはやパピー・ライセンスの力はすごい。

この日から、大人のイヌたちはさらに子イヌを中心に距離を縮めていったように思う。新しい家族が増えて、さらに家族の絆は強まり、一体感のある群れが形成された。そして、いつのまにかその群れの一員としてフックもちゃっかり参加していた。不思議なもので、血縁であっても、しばらく離れて暮らしていると群れから追い出されて、排他的に扱われる。一方、血縁でなくても、衣食住（イヌは服を着ないので、食と住）をともにしていると、家族になる。進化論としては、血縁淘汰や包括的適応度として考えられているが、それは理論である。至近的、つまり動物のメカニズムとしては、「近くにいて一緒に遊んで、寝て、ごはんを食べると家族」という適応的行動が組み込まれているのだ。なので、異種であっても、たとえばイヌとずっと一緒にいると、しだいに家族になるのもうなずける。そう、イヌとヒトは家族になる。

リーダー

毎日、昼と夕方に、僕らは連れ立って散歩に出かける。そもそも昼に出かけて戻ってきてもごはんは用意されていないのだから、いく意味はないんじゃないかと思っている。まだ子イヌだったジャスミンとチャーリーのためにいっていたのだが、必要のなくなった今でもわざわざ昼にも散歩にいく習慣ができてしまった。

僕は立場上、この群れのリーダーなのだが、リーダーだからといってみんなを率いて歩いているわけではない。こちらに引っ越してきてからもじつは、アニータをめぐって、黄色いイヌと大げんかをして僕は耳を噛まれてしまった。そいつのにおいがしないか警戒を怠らないようにしているのだが、当のアニータは気にもせず、へらへらとすれ違うニンゲンたちに視線を送りながら歩いている。アニータはニンゲンに対してどのような態度をとれば自分が魅力的に見えるかを知っているのだ。そして、この群れの中で自分が一番大切にされないと許さない。ほかのイヌが出過ぎたことをすると——アニータよりも先にニンゲンになでられるとか——アニータは急に口を閉じて静かにそのイヌを見据える。そうするとたいていのイヌはその場に立ち尽くす。

フックはいつも、群れの最後尾でゆっくりついてきている。フックは後ろ足が悪いようで、今日も少し足を引きずりながら独特な足音を立ててついてくる。僕はおひとよしなフックをわりと気に入っているのだが、フック嫌いのアニータににらまれると、申しわけないと思いながらもアニータについ従ってしまう。だから、散歩中は先頭を歩くアニータに気づかれないように、フックがついてきているかそっと確認しながら歩いている。フックが遅れているときはさりげなく追いつくのを待っている。のんきなフックが、そんな僕の気遣いに気づいているかどうかは不明である。

散歩メンバーには当然パンチもいるのだが、おそらくパンチは僕たちと一緒というよりも、Mと一緒に歩いているつもりなのだろう。パンチはだいたいにおいて、僕たちとはあまり絡まない。なにかするとアニータに怒られていた子どものころを思い出すせいかもしれない。ときどき大さわぎしているチャーリーやジャスミンを一喝することはあるが、たいていは静かな場所を探して移動することを選ぶ。フックのことはどちらかといえば好きなのかもしれないが、それはフックがパンチにとって無害だからだ。パンチはとにかくMさえいればいいのだろう。
そもそも、僕たちはたがいのことを気にかけているようだが、一緒になにかをしたりすることはないし、そうしなければならない理由もとくにない。なにもしなくても時間になればごはんが出てくるし。僕がアニータのために黒いやつや黄色いやつと戦ったように、もしこの中のだれかがひどい目にあったときは力をあわせるのかもしれないけれども。

イヌの群れを見ていると、緩やかなつながりを持ちつつ、それでも集団の機能が残っているのがわかる。本来、オオカミを含め、イヌ科の動物は集団性が高い。群れで狩りをし、群れで子育てをする。たとえばリカオンはアフリカに住むイヌ科動物で、集団を形成し、その中のアルファといわれる一頭のオスとメスが一夫一婦制を敷き、繁殖の権利を支配している。リカオンは、六〜二〇頭（またはそれ以上）の団結力があり協力的な群れで狩りをする。群れはアンテロープなどを狩るが、とくに獲物が病気やけがをしている場合は、ヌーのようなもっと大きな動物にも挑むことがある。協力しながら狙った獲物をしつこく追い回し、最後はその獲物に、みんなで襲いかかる。なんと狩りの成功率は約七割を超えるとさえいわれ、その集団としての機能の高さを知ることができる。集団で獲得した獲物はみんなの財産だ。アルファメスは二〜二〇頭の子イヌを産み、群れ全体で世話をする。とくに若い個体はヘルパーと呼ばれ、両親に代わって、甲斐甲斐しく子どもたちの世話をする。巣から離れた子どもを戻したり、遊び相手になってあげたり。なので、群れは獲得した獲物を分け合い、弱った仲間や病気の仲間を助けたりする。社会的な相互作用も濃密で、群れの仲間たちは舐め合い、寄り添い、また声を出したりしてコミュニケーションをとっている。このような群れの機能はその程度は多少違うものの、イヌ科動物では同じように見られるという。

さて、イヌはというと、そのような背景はなんとなくわかる程度だろう。とくに餌を分け合うでもなく、もちろん一緒に獲物を狩るのかどうかも不明である。子イヌに対して、みんなが育児をするわけでもない。気がつけば「あとはお願い」と、どちらかというとヒトを頼ってくる。外敵に対しての防衛は集団の機能を垣間見ることができる。ただし、こちらも小さいときから一緒に過ごした仲間での行動であり、イヌがみんなそうかというと、そうでもないだろう。イヌの集団を調べた研究でも、オオカミのような明瞭なランクが存在するわけでもない。また、繁殖がアルファと呼べるような優位な個体に限られることもない。繁殖や食餌において、明瞭なルールがないことから、イヌの集団は非常に緩やかなものとなったと理解できる。おそらく、ヒトとの生活を手に入れてから、イヌどうしが強い集団機能を持たなくても、ヒトが餌を持ってきてくれるし、守ってくれるし、そして子イヌの世話をしてくれる、これを頼ればいい、と緩くなってきたのだと思う。そのようにしだいに野性味を失っていき、無邪気さが残ったのがイヌ。そのイヌはかわいさを武器にヒトを動かし、生きるためのさまざまな資源や労力をヒトからもらうようになったのだ。まさにイヌの生存戦略、である。

同調

ジャスミンの性格はやはりアニータに似ているようで怖いもの知らずだ。あるとき、チャーリーとジャスミンがふたりでこっそり閉まりかけのドアの隙間から抜け出したことがあった。チャーリーは途中でほかの部屋に迷い込んで悲しそうに鳴いていたそうだが、ジャスミンは建物の外まで出て、自由に走り回っていたらしい。ボール遊びをしているときも、ひらひらと舞うように飛び上がるジャスミンはアニータの子どものころにそっくりだ。チャーリーはだれに似たのか、長い足を持て余すようにドタドタと走っている。最近はふたりの性格の違いがわかりやすくなってきた。それでもやっぱり、ふたりはいつも一緒にいる。どちらかが走り出せばもうひとりも走り出すし、草むらの中に気になるものがあれば、ふたりで頭を突っ込んでにおいを嗅ぐ。おとなしくなったと思ったら、ふたりともコトンと一緒に眠っている。

チャーリーもジャスミンも、フックのことが好きなようだ。ふたりともここにきたときから毎日フックに遊んでもらっていた。僕はアニータと遊ぶことはあるけれども、チャーリーやジャスミンの相手はちょっとめんどうなのだ。ふたりの遊びが行き過ぎたときにはちゃんと叱ってやらないといけないのだろうが、僕はもともと争いごとは嫌いなので、そういうことはアニータに任せている。フックはよく、おもちゃのひっぱりっこをして遊んでいる。フックが本気を出したら、小さなふたりはあっというまにふっとばされてしまっただろうが、フックはほどほどの力でひっぱりっこをするのがじょうずだ。遊びのコツは相手にも勝たせることだ。自分のほうが強くても、毎回ひっぱりっこのたびにおもちゃを取り上げていたら、チャーリーやジャスミンはそのうちつまらなくなって、どこかに行ってしまうだろう。フックのおもしろいところは、ニンゲン相手にはつねに本気でひっぱりっこをするのだが、小さいふたりには順番に勝たせてやっているところだ。

僕は、チャーリーのドタドタした歩き方はフックの影響ではないかと思っている。頭を少し下げた姿勢は、僕たちよりもフックに似ているような気がする。僕たちはそれぞれ歩き方に特徴がある。アニータは腰をくねらせるように揺らして歩くし、パンチは首をすっと伸ばして前足を上げて歩く。僕は体をほとんど振らずに、ひょいひょい歩く。親子なのにそんなに似ていない。ジャスミンはアニータに似ているから、子どものころに一緒にいた大人に似るのだろうか。おもしろいことに、最近フックが吠えるようになってきた。僕が最初に会ったころはなにがあってもうんともすんともいわなかったのに。いつもチャーリーとジャスミンがドアのそばでにぎやかにニンゲンを出迎えていたのだが、気づいたらフックも一緒になって吠えるようになっていた。フックは僕たちよりも低く、おなかに響くような声だ。吠えるとニンゲンに叱られるが、それでもチャーリーとジャスミンと一緒に吠えているフックはなんだか楽しそうだ。

イヌを見ていると、不思議なことに気づく。先住犬がいる場合、とくにその先住犬が年齢的にもっとも成熟している三歳から八歳くらいの場合、新しく家族に加わったイヌは、その先住犬の真似をする。ジャスミンは同性だからか、おばあちゃんのアニータを信頼し、アニータの動きを真似しているようである。アニータがにおいを嗅ぐと、その同じ場所のにおいを嗅ぐ。アニータが走り始めると、ついていって走る。しだいに歩き方まで似てきた。音を立てないような、運動能力の高そうな歩き方。実際にアニータもジャスミンも驚くほど運動神経がよかった。たとえば、公園のシーソーなどをじょうずに渡り歩くし、鉄棒の上にもぴょんと飛び乗ったりもした。これはコーディーにはできない。似たふたりなので、歩き方も似てきたのか、それとも一緒にいて似てきたのか。

ジャスミンはもちろんチャーリーともとても仲よしだったので、ふたりの動きも一緒。遊び始めると一緒にプレイ・バウをとるし、走ると走る。疲れたら隣で一緒に寝る。水を飲むのも一緒のすごいシンクロだ。もちろん、きょうだいだから、といわれてしまうとそれまでだが、見ている限り、きょうだいを超えたなにかを感じざるをえない。

血縁を超えたシンクロの一例を紹介する。一例でしかないし、ほかの場合はどうだかわからないので、これはあくまで飼い主視線。フックと一緒に住むチャーリーは、スタンダード・プードルにしては動きがどんくさい。まるでラブラドール・レトリバーを見ているよう。それはフックがラブラドール・レトリバーだからか。またフックもおとなしいイヌだったのに、スタンダード・プードルに囲まれて立派に吠えるようになった。このような、仲間、とくに親和的関係の相手の行動を利用することを、模倣行動という。ヒトではくわしく調べられている。対人関係において、ヒトが意識や意図することなく、他人の動作、たとえば姿勢や身振り、表情、話し方、感情などを自動的に模倣すること。これは社会的な行動を学ぶために備わった能力である。とくに行動模倣と呼ばれるものは仲間になるために重要で、同じ行動をとることで、親和性が築かれる。この模倣行動、じつはイヌとイヌの間だけでなく、イヌがヒトの行動を模倣することも知られている。一番わかりやすい例は、あくび伝染。飼い主があくびをするとそれがイヌに伝染してあくびする。ヒトでもよく知られた現象であるが、異種間であるヒトからイヌへと伝染すること、そしてそれが飼い主から移りやすいことは、とても興味深い。

同調というとどうしても行動が同じになることを想像しがちである。しかし、動物の中には、気持ちの同調というものも存在する。ヒトでは共感性と呼ばれているこの機能は、たとえばだれかが悲しい気持ちになるとその気持ちが移るし、だれかがうれしいと、自分もうれしい、というような同じ気持ちになることをいう。専門用語では「情動伝染」。情動、すなわち怖いとか痛いとか、楽しいなどの気持ちが、親和的なほかの個体にも移ることをいう。イヌは飼い主の気持ちを量るといわれるが、それはほんとうなのか。心拍変動解析という、情動状態を心臓の拍のゆらぎで評価する方法を用いて、飼い主とイヌの情動伝染を調べた研究がある。飼い主には心理的にストレスを体験してもらう。といっても、暗算とか慣れない微生物学の説明をするらしい。そんなストレスを経験している飼い主のイヌの情動も同じように心拍変動解析で調べてみる。すると、飼い主がストレスを受けると、イヌも緊張する個体がいたそうだ。これは飼い主の情動がイヌに伝わったことになる。おもしろいことに、すべてのイヌが飼い主の気持ちを感じていたわけでないらしい。その研究によると、飼い主の気持ちを感じてくれたのは、飼い主との生活が長いイヌ。つまり、一緒に過ごすことで飼い主の気持ちが伝わるようになるらしい。確かにヒトでも、部長のご機嫌の様子などは新入社員がくみとれず、地雷を踏むこともある。長年寄り添った夫婦だとあうんの呼吸で事が進むこともある(もちろん、そんなにうまくいくことはまれかもしれない)。なるほど、イヌも飼い主の様子をいろいろうかがっているのは納得がいく。コーディーも床に寝そべりながら、こっそりとこちらの様子をうかがっていることがある。そろそろ、お仕事終わりで、おやつかな、とか。イヌの能力にはほんとうに驚かされる。

第5章 ヒトとイヌ

指さし

最近、ニンゲンたちの間で謎の遊びが流行っている。床の上に逆さにした二つの容器のどちらかを指さしたり見つめたりするのだ。僕をさかんに呼ぶものだから、なるほど、僕に選べというのだな、と理解した。指さしたほうにいってみたら、容器の中のおやつをくれた。その行動にどんな意味があるのかわからなかったが、指さしたほうにいってやったら喜んでいるようなので、きっとニンゲンにはなにか意味のある楽しいことなのだろう。遊びに数回つきあってやったが、おやつはほんの小さなものだったし、そのうちめんどうくさくなってやめてしまった。アニータは端から興味なさげだったが、ニンゲンに「かわいい、かわいい」といわれてちょっとだけやる気になったようだ。それに比べて、フックは何度も何度もニンゲンたちの相手をしてやっていて、あいつはほんとうにおひとよしなんだな、とあらためて思う。

とくにおもしろいこともないし、少し昼寝でもしよう。ニンゲンたちはまだやっているようだ。今度はパンチの番なのだろう。「パンチ、パンチ」という声が聞こえる。パンチも律儀につきあっていたが、すぐに飽きてきたようだ。Mがやればパンチも張り切ってやるのだろうか。そんなことを考えながらうとうとしていたら、チャーリーとジャスミンがふざけながら容器を蹴散らす音とニンゲンの甲高い声で目が覚めてしまった。

目が覚めたらおなかがすいてきた。Nにおやつをもらいにいくとしよう。Nは引き出しにおやつをいろいろと隠していて、ときどきほかのやつらに見つからないように僕にこっそりくれる。Nは察しがいいから、僕がおやつを欲しそうに見つめると、すぐに引き出しを開けてくれるのだ。僕はNの斜め前、Nから見えるか見えないかという絶妙な場所に座ってNの様子をうかがった。フックだったらまちがいなく真横に座って催促するだろうが、僕はあまり物欲しげな様子を見せるのは好きではないのだ。

Nはなにかを熱心に見ているようで、僕に気づかない。このまま待ち続けると、いずれほかのやつらにさとられてしまう。僕はさりげなく横になり、Nの様子を見守った。しばらくしたらNが顔を上げたので、僕も首を起こしてNと引き出しを交互に見つめた。NはKになにやら一声かけて、静かに引き出しに前足を伸ばした。今日の収穫はなんだろう。

イヌの認知研究では世界を驚かせたといわれるものがある。二〇〇二年にブライアン・ヘア博士がサイエンス誌に掲載したものだ。イヌの行動実験でサイエンス誌に掲載されたことも驚きであったが、それ以上に、「なんでこれでサイエンス⁉」とイヌの飼い主からは、別の驚きもあった。私もこの有名な研究には興味があり、詳細を調べてみた。

ヘア博士は当時、エモリー大学の学部三年生で、人類進化研究の大家であるマイケル・トマセロ博士の研究の手伝いをしていた。霊長類とヒトの認知・学習機能を比較することで、ヒトの成り立ちを知るという壮大な研究らしい。その中で、指差しの理解、というものがあった。ヒトではほかのヒトの指差しによって、なにを見ているのか指示しているのかを知ることができる。あれ見て！っていう感じ。それを共同注意という。ヒトでは二歳児でもできることだが、ほかの霊長類、たとえばチンパンジーでも苦手な課題。そのため、ヒト特異的な能力だと考えられてきた。ヘア博士は小さいときからイヌを飼っていて、その黒のラブラドール・レトリバーのオレオとよく草野球をして遊んでいたらしい。ボールが草むらに入ると、オレオはよく見失ったそうだ。ヘア博士がボールの転がったほうを指差すと、その方向に従って、ボールを探して持って帰ってきた。なので、ヘア博士はイヌがヒトの指差しに従い、共同注意することを経験的に確信していた。このことを、トマセロ博士に伝えた。トマセロ博士はいった、「ばかな、チンパンジーでもできないんだぞ、イヌができるわけがない」。さっそく、ヘア博士は指差し実験をイヌでトライした。するとヘア博士のいうとおり、多くのイヌがヒトの指差しに従って、指で差されたカップを選択した。その正答率は八割を超えた。トマセロ博士やその他の認知進化のラボメンバーは驚愕した。なぜイヌができるのか。ハーバード大学で博士号を取得したヘア博士はドイツのライプツィヒにあるマックス・プランク研究所と共同研究を続け、イヌと共通祖先を持つオオカミではできないこと、子イヌでも成績がいいことを明らかにした。このことからイヌはヒトとの共生の歴史を経て、この能力を獲得した、と考察されている。まさにヒトとともに暮らすことによる、収斂進化の賜物かもしれない。

この研究が世をにぎわすと、イヌの飼い主たちもさわぎ始めた。なんで、これが取り上げられるのかさっぱりわからない。つまり、ヘア博士と同じく、イヌの飼い主ならみんな知っていることだったからだ。まさかそれが地球上でじょうずにこなせるのが、ヒトとイヌだけなんて思いもよらなかった(その後、ネコやいくつかの家畜でもできることが報告されている)。そうして、イヌの認知研究、つまりヒトとイヌはどれほどコミュニケーションがじょうずにとれるのか、イヌがどれだけヒトと類似した認知機能を備えているのかについての研究が世界中で展開されることになったという。まさに金字塔となった研究だ。そんな研究成果を知る由もないが、コーディーは私が視線を送るとその先のものを理解できるし、指で差すとか腕を伸ばすだけで、なにをするのかもわかっている。天才だと思っていたが、世界中のイヌも同じような能力を持つ、ということから、彼が飛びぬけているわけでもなかった。でも私にとってはやっぱりコーディーが一番の天才だ。

同時期にハンガリーの認知研究者であるアダム・ミクロシ博士のグループも精力的にイヌの研究を開始していた。その中で、とても興味をひくものがあった。イヌは困ったときにヒトを振り返って、手伝ってほしそうにする、というもの。これはイヌの飼い主ならいつも経験していること。たとえば、お水がないよとか、おもちゃをとってとか、ドアを開けてとか。そうやって視線を飼い主に向けると、飼い主はついイヌを手助けしてしまう。つまり、イヌは視線を用いて飼い主を操作、自分の利益を得ているといえるだろう。このような飼い主を振り返る行動はオオカミでは認められない。このことから、イヌは視線を用いてヒトを操作する能力を獲得し、その能力を持っているものがイヌとして増えていったと考えられる。まさにイヌはヒト社会でじょうずに生き抜くための生存戦略として視線を使っているのだ。そして、私は今日もコーディーとアニータの視線にやられて、おやつとおもちゃを与える飼い主となっていた。

声

相手になにかを伝える手段として声を出すことは、ニンゲンも僕たちと同じであるようだ。ただし、ニンゲンの声は僕たちと違って、ダラダラとつねになにかしゃべっていて、明確になにかを伝えるには不向きなのではないかと感じている。一方で、僕たちの声も、ニンゲンにはなかなか理解しづらいようだ。僕やアニータ、パンチはニンゲンに声でなにかを伝えることはほとんどないのだが、まだ子どもだからかチャーリーはよくしゃべる。

今日も、見知らぬニンゲンが部屋に入ってきたからジャスミンとふたりしてみんなに知らせていたのだが、ニンゲンにはまったく伝わらないうえに、叱られていた。チャーリーだって、ただやみくもにしゃべっているわけではない。僕だってチャーリーのおしゃべりはうるさいと思うときがあるが、理解もできないくせに一方的に叱るのは理不尽だろう。チャーリーのしゃべり方はとても繊細で、見えないところで聞いていてもなにが起きたのかだいたい想像できる。ジャスミンにもっと遊べとせがんでいるとき、ニンゲンとおもちゃのひっぱりっこをしているとき、フックにおやつを狙われているとき、Nとフックだけが散歩にいってしまったとき。チャーリーは相手にあわせて声の出し方を変えるから、出会ったやつが気に入らないのか、遊び相手になりそうなのか、大きいのか小さいのか、声を聞いたらだいたいわかる。Nも最初のうちはチャーリーのおしゃべりをやめさせようとしていたが、聞き分けられるようになったのか、あるいはあきらめたのか、今ではチャーリーがしゃべるに任せているようだ。

僕がどこまでニンゲンのいっていることを理解しているのかは、実際のところ確かめようがないのでわからない。それでも、僕はKやいつも会っているニンゲンたちのいっていることはわかっているつもりだ。よく出てくる言葉のくみあわせやそのときの状況でニンゲンがなにを伝えたいのかはだいたい想像できる。僕が理解できない言葉は、そもそも僕がそのことを知らないわけだから、聞こえないふりをしてじっとしていればいい。必要ならばそのうち僕にわかるようにニンゲンのほうが身振りで知らせてくれる。

ニンゲンは僕たちと違って情緒が安定しないようだから、声だけではなにを思っているのかわからないときがある。でも、慣れてくると声の高さや調子で、楽しんでいるのか不機嫌なのかだいたい想像がつく。今日はNがイライラしているようで、ほかのニンゲンにかける声もどこかとげとげしい。こういうときは、なにもせずに少し離れたところで寝ているふりをするのが得策だ。なにもするつもりはないが、一応なにか起こるかは見ておきたい気はする。アニータやパンチはどこか見えないところにいってしまった。アニータは自分にメリットがなさそうなことには近寄らないし、パンチはそもそもM以外にはそんなに興味がないのだろう。子どもたちはまだそういう繊細なことには気づかないようで、好き勝手にじゃれあって遊んでいる。しかし、フックは不思議なことに、声を荒げているニンゲンたちのところに、うれしそうにしっぽを振りながら寄っていく傾向がある。

今も、Nとニンゲンの間に割って入って、場ちがいに尾を振っている。なにかいおうとしていたNはそれを見て、少し止まってから息を飲み込んだ。だれだって、あのおひとよしで情けないフックの顔を見たら、些細なことはどうでもよくなるだろう。

イヌの感覚器というと、どうしても嗅覚の鋭さが群を抜いていて、そればかりが注目されがちである。しかし、先のヘア博士の研究のように、ヒトとのコミュニケーションとなるとわけが違う。ヒトはにおいに鈍感であるから、においを介してコミュニケーションはとりづらい。イヌはヒトとのコミュニケーションにおいては、ヒトがわかるものを使ってあげなければならない。その一つは先に紹介した視線であるが、もう一つは聴覚だ。

イヌの聴覚なんて、そんな優れているの?と思われるかもしれない。イヌの聴覚はたいしたことないといわれてきたものの、いくつかの研究で、じつは思った以上!という結果が得られている。代表的なのはボーダー・コリーのリコ。リコはサイエンス誌の表紙を飾ったイヌだ。リコは飼い主と一緒に「持ってこい」遊びを毎日行っていた。リコがあまりにも真剣に持ってこいをしたいというので、飼い主はしだいに難題をリコに課した。「新聞を持ってこい」「クマのぬいぐるみを持ってこい」など。すると、リコはちゃんと聞き分けて、「あ、あれね!」といって(実際はいっていないが）、持ってきた。その数は一〇〇を超えたという。この話を聞いたマックス・プランク研究所のカミンスキー博士らは、その能力を実際に試してみた。実験はこうだ。飼い主がリコが名前を知っている二〇〇個のアイテムを、一〇個ずつ二〇組にランダムに割りあてた。飼い主とリコと一緒に別室で待っている間に、実験者は実験室にアイテムを配置し、飼い主とイヌの部屋に向かった。次に、実験者は飼い主に、イヌに隣室からランダムに選ばれた一つのアイテムを持ってくる指示を出すように頼んだ。その後もう一つ、持ってくるように指示した。驚くことに、八割を超える正解率でちゃんと指示したアイテムを持って帰ってきたのだ！　このようにリコの語彙は、言語訓練を受けたチンパンジーやイルカ、オウムに匹敵するものであった。

じつはリコの能力はそれだけではない。リコに知らないアイテムの名前を告げ、持ってくるように指示する。リコは聞いたことがないアイテムの名前を考えながら（？）隣の部屋に探しにいく。すると、そこには七つの見慣れたアイテムと一緒に見知らぬアイテムが一つ置かれていた。リコは正しく物体を選ぶことができただけでなく、消去法で「あ、これは見たことないアイテムだからこれが聞きなれない言葉のモノだろう」と見慣れないアイテムを持って帰ってきたのだ。消去法でものを選ぶなんて。それくらいの能力をリコは持っていた。その後、アメリカの心理学者ジョン・ピレー博士がチェーサーという名のボーダー・コリーを同じように訓練して、一〇〇〇以上（！）のアイテムの名前を覚えたそうだ。まさにすごいとしかいいようがない。

イヌの聴覚が優れていることがしだいに明らかになり、聴覚を対象にした研究もさかんになったそうだ。よく考えると、オオカミはあまり複雑な音声でコミュニケーションをとらない。イヌはさまざまな吠え声を出す。これはイヌがヒトとのコミュニケーションに音声を使ったからだともいわれていて、ここ日本ではイヌの吠え声の擬音語がそんなにないのだが（ワンワン、キャンキャン、クンクンくらい）、欧米では最低一四種のイヌの音声があるとされている。うちのイヌたち、とくにチャーリーの声を聞いてもさまざまな音声があり、さらに音圧も調節しているような気がする。思ったよりも複雑なのだ。

さて、ヒトの脳研究で多用されているfＭＲＩという装置がある。大きな輪っかの磁石が動き、その中のベッドの上に寝かされている人間の活性化した脳の部位がわかるという。磁石の輪っかが動くときにわりに大きな音がするので苦手なヒトは中に入れないし、測定中はじっとしていなければならない。なんとそんな装置にイヌを入れて、脳の反応を測定したという研究が報告された。その研究では、イヌは飼い主の声で普通に名前を呼ばれたり、ほめるような抑揚をつけて呼ばれたりした。すると名前を聞き分けるときには左の脳が、声の抑揚を聞き分けるときには右の脳が活性化していた。これはまさに、ヒトの言語処理にかかわる脳部位と重なった。さらに自分の名前をほめるように呼ばれると脳内の報酬系（喜びの脳部位）が活性化した。これらのことからも、イヌは飼い主の声をじょうずに聞き分け、心も動いているといえよう。確かに日常的にイヌに声をかけているものの、それをイヌがどこまで聞き分けているかわからなかったが、このような研究成果を知ると、さらにいろんな話しかけをして、コミュニケーションをとらねば、と思ってしまう。私の気持ちも、声を介してコーディーに伝わっているんだろうな。

顔

ニンゲンの顔は僕たちに比べて平べったくて毛が生えていないが、目が二つ横に並んでその下に鼻、さらに下に口があるのは僕たちと同じだ。大きく違うのは耳だ。僕たちの耳の位置や形にはいろいろ種類があるが、たいていは頭の上のほうについていて、音のもとを探したり、あるいはそのときの気持ちによって大きく動かすことができるし、勝手に動くこともある。あと、ニンゲンにはしっぽがない。しっぽの高さや動きはとても重要な意味を持っているし、左右の動かし方にも違いがある。しかし、ニンゲンは隠しているわけではなく、ほんとにしっぽを持っていないようだ。ニンゲンは器用に後ろ足だけで立っていて、前足はものを持ったりいろいろと動かしたり、けっこう便利に使っている。でも、急に上から前足を振り下ろし頭を押さえてくるニンゲンには要注意だ。僕たちにとって前足で相手を押さえることはマナー違反なのだ。そういうことがわからないニンゲンは僕たちを傷つけるつもりはないようでも、僕の経験上、後々困ったことをすることが多い。僕たちは、攻撃してくるわけでもない相手を傷つけてはいけないことになっている。だから、悪気がないということはかえってやっかいなのだ。

ニンゲンの気持ちを理解するには、声と同時に目と口のあたりに注目するのがいい。ニンゲンの顔は目の上に線を引いたように毛が残っていて、それも一緒に動くので、目の動きは僕たちよりもむしろわかりやすいかもしれない。フックは困ったときに目の上の少し盛り上がって長い毛が数本生えているところをキュッと顔の真ん中に向かって寄せる、情けない顔をするからすぐにわかるが、それに似たような動きをニンゲンもするようだ。あと、緊張しているときは、口が閉じられて一文字になるのは、不躾な相手に対してアニータが見せる口の形に似ているような気がする。ただ、口の端だけを上にあげる表情はちょっと解釈がむずかしい。長年の観察で、どうやらニンゲンが口の端を上げるときは、悪いことは起きませんと伝えたいときなのではないかと想像している。でも、そうではないこともあるようなので要注意だ。

ニンゲンがどんな顔をしていようが、実際のところ僕たちにはあまり影響はない。ニンゲンが不機嫌そうにしているからといって、少なくとも僕自身が嫌なことをされるわけでもないし、楽しそうだからといっても、ときどきおやつをくれたり、やさしくなでてくれることはあっても、いつもいいことが起きるわけでもない。でも、やはりKが厳しい顔をしているときは僕もちょっと気持ちがざわつくし、楽しい顔をしているときは安心する。僕になにかできることがあるわけではないが、Kが困っているときには近くで見守るくらいのことはしてやろうと思っている。

イヌはほんとうによく飼い主を見ている。もちろん私がパソコンに集中しているとコーディーもアニータもいつのまにかマットの上でごろんと寝入ってしまうこともある。それでも不思議で、パソコンを閉じると、そのかすかな音で目が覚め、すぐさま私のほうを見てくる。私が疲れた顔をしていると、少しすまなそうな顔をしているように見える。私が仕事は終わったと晴れ晴れした気持ちだと、しっぽを振って寄ってくる。ちょっとした気持ちの変化が、おそらく私の表情や動作に現れ、それを読み解いているんだろう。

イヌがヒトの表情を読むことはできるのか。いくら哺乳類共通とはいえ、顔かたちが異なる。目はまだしも口や耳は、はたしてイヌにも理解できるのだろうか。イヌも表情豊かであるが、それをヒトとマッチングできるのだろうか。イヌの表情に関しては、古くはコンラート・ローレンツ博士がイヌの攻撃性と恐怖の表情をきれいに描いている。その後、多くの研究者がイヌの情動にともなう表情変化を調べている。とくに耳や洞毛など、ヒトの表情ではあまり動きがないところが大きく動く。たとえば、おじけづいたりすると、耳が後ろに倒れる。緊張や周囲への警戒時には耳が正面に立ち上がる。ヒトでは見られない変化だ。ヒトで明瞭な口角も動くものの、確かな結論はないらしい。ふむ。アニータとジャスミンは怒るとぷんぷんといって（ほんとはいわない）、口のまわりがふくらむ。なんだか、怒った子どもがほっぺたをふくらませるふくれっ面と似ていて、笑ってしまうのだか、まだ科学的にはなにも明らかではない。

イヌの表情でおもしろい記事を読んだ。イヌはオオカミと違い、ヒトと共生するようになって、新しい表情筋を獲得したらしい。それは眼輪筋の一つで、眉の位置が吊り上がり、下から見上げるときに困った表情に見えるようになる。これはもしや、フックがよくしている顔ではないか。上目遣いとはこの表情のことだ。その顔をされると困ってしまう。なんだかお願いされているような気分になり、「フッくん、どうしたの？　おなか減ったの？」と声をついかけてしまう。この表情がイヌ特異的とは。そして、別の研究ではそのようにヒトをじょうずに見上げるシェルターのイヌは、よく里親にもらわれていくこともわかった。つまり、ヒトのお世話を引き出す表情だ。まさにヒト社会におけるじょうずな生き延びる道、つまりこれもイヌの生存戦略、なのだ。

ではイヌはヒトの表情をどれだけ読み取れるのか？　飼い主の笑顔と真顔を見分ける研究成果が報告されているが、飼い主と同じ性別の見知らぬヒトの笑顔は見分けられるらしい。異性だと多少正解率が低下する。ということは、笑顔などの顔の表情は見分けられるが、それはもしかしたら一緒に生活することでの学習なのかもしれない。確かに、おちびのジャスミンやチャーリーは、飼い主が多少不機嫌でも、あるいは険悪な雰囲気があったとしても、なんだかうれしそうにしっぽを振って近づいてくる。それに比べて、かかわらないほうがいいなという雰囲気なら、アニータは遠くにいて、近づかない。コーディーはなんだか心配そうな顔をして、じっと見ている。年齢に応じた学習があってもおかしくないな。でも、フックはどうだろう。彼は年齢のわりに、いつも楽しそうにうろうろとしっぽを振りながら、歩き回っている。怒っているヒトの足にバチバチとしっぽをあてることもある。これが彼なりの癒し方なのか（たとえば、世の中、気にすることなんてないよ、とか）、それとも鈍感力なのか。こちらはまだまだ謎のままだった。

自分

アニータが壁を見ている。壁に取り付けられた枠の中にもアニータがいるのだ。今日は朝から身なりをきれいに整えるためにふたりでお出かけして、さっき家に帰ってきたのだ。お湯で洗われたり、大きな音を立てて風をあてられたり、顔の毛を刈られたり、耳の中をいじられたり、僕はできれば遠慮したいのだが、アニータは嫌ではないらしく、背筋を伸ばしてすましたまま、ニンゲンたちにされるがままになっていた。そして今、小さなリボンがついた耳を壁のほうに向けてじっと見ている。枠の中のアニータも同じように頭を傾けている。きれいに整えられてフワフワの頭と、首輪とおそろいの青いリボンが気に入ったようだ。

ときどきニンゲンたちが、知らないうちに僕の体になにかを貼りつけることがある。顔や足につけられるのはこそばゆいし、けっこう気になるので、僕は前足ですぐにとってしまう。でも、頭のてっぺんにつけられると気づかずにそのまま過ごしていることがある。窓にうっすら見える僕の姿を見て初めて気づくのだが（ニンゲンたちがくすくす笑っていたのはこのせいか）、とくに気にはならなかったので、たいてい僕はそのままにしている。壁にうつる僕の姿を最初にはっきり見たのはKの家に初めてきたときだ。僕のきょうだいがこっそり連れてこられたのかと思ったが、においもしないし、触れることもできない。裏に回ってもだれもいない。よく見ると僕と同じ動きをしていたので、どういうしくみかわからないが、とにかく中にいるのは僕だが僕ではない存在だ、と納得することにした。アニータも、それを見てうっとりしているところを見ると、たぶん自分以外の存在だとは思っていないのだろう。アニータの性格からすると、ほかのイヌにうっとり見とれるなんてことはありえない。いろんな音が聞こえて、いろんなニンゲンたちが見える大きくて薄い箱も、最初は中にどうやって入っているのか不思議だった。イヌの吠え声が聞こえるときは気になってしかたがなかったが、中から出てくる様子もないし、とくに害もなさそうなので、そのうち見慣れて飽きてしまった。

僕だけれども僕ではない存在はなにを考えているのだろう。僕とまったく同じ行動をするからには、僕と同じことを同時に考えているのだろうか。僕が今欲しいと思っているもの（クジラボールかおいしいおやつ）を、そいつも欲しいと今思っているのだろうか。考えると気味が悪くなるし、あまり複雑なことはよくわからない。でも僕は、たとえばKと僕はほとんど一緒に過ごしているが、必ずしも同じことを考えたり、知っているわけではないことはわかっている。Kがいないときに僕の大好きなクジラボール（もう何代目だろう）をNがいつもと違う場所に片づけたので、僕がKにクジラボールをせがんでも、Kはクジラボールを見つけられず、僕が正しい場所を前足でかいて教えてやったのだ。僕が片づけるところを見ていたからよかったものの、クジラボールをそのまま見失っていたらたいへんだった。Nにはちゃんと Kにわかるように片づけてもらいたいと思う。

イヌにはどのくらいの知性——知性といっても社会的知性——が備わっているのか。コーディーがきてからというもの、彼の行動、しぐさ、意思決定というか行動選択、を見ていると、ほんとうにいろんなことが不思議に見える。知れば知るほど不思議になる。その疑問の一つが自己認知だ。自己認知とは、現在の時空間において、自己が物体として存在することをメタに認識することで、場合によっては、物体的存在以外に、自分の知識や経験を第三者的にとらえられる能力など、内在的に自分をとらえることもいうらしい。ヒトでは、なるほど、自分を客観視することか、とすぐにわかる。では、そのような自己認知を動物も持っているのだろうか。持っているとしたら、どのようにして測れるのだろうか。

自己認知を確認する基本的な方法の一つに、鏡像自己認知テストというものがある。このテストはゴードン・ギャラップ博士によってチンパンジー用に開発され、今日にいたるまで比較心理学の研究に広く用いられている。では、その実験はどのように行われるのか。調べたら、けっこうちゃんとした手続きがあるらしい。それも麻酔をかけるなんて、かなり手が込んでいる。

動物に鎮静剤を投与し、眠らせる。

動物の額に赤い染料を塗る。

動物が目を覚まし、鏡が導入される。

動物が鏡に映し出された自分の顔を見て、その後、自発的に頭についた染料を触るかどうかをチェックする。

これまでさまざまな動物で実験が行われたらしい。チンパンジーとボノボ、ゾウ、イルカ、カササギなどがそのテストに合格している。しかし、イヌもネコも報告がない。報告がないのは、おそらく実験に失敗しているからだろう。これだけ有名なテストなので、だれもチャレンジしていないとは思えないし、そうだとしたら失敗の連続で、できていないのだろう。

研究者は苦労しているみたいだが、私の経験からイヌは鏡を見て自分が自分であることとくらい理解している。とくにアニータ。きれいにトリミングして、リボンをつけて帰ってきたことがあった。みんなから「かわいい！」とほめられると、そう？というふうに顔を斜めにかしげてそのまま鏡の前にいった。鏡の前で自分を見て、うっとりとして「さすが私、かわいいわ」とでもいいたげな表情をしていた。まちがいない、自分だとわかっていただろう。コーディーはというと、どうも鏡の自分は、自分ライクであることはわかっているが、なんとなく認めたくない、だからかかわりたくない、と鏡への興味をなくしてしまったようだ。

同じように、二次元の動く物体、つまりテレビに関しても最初は興味津々。ただ、画面から出てくるものもなく、においもしない、コミュニケーションもとれない、でしだいに興味を失っていった。なかにはずっとテレビを見て唸ったり、吠えたりするイヌがいるというが、うーん、ほんものではないことくらい、気づいてほしいな、と思う次第である。コーディーはやっぱり賢い！（親バカ的セリフといわれてもしかたなし）

ほかにもイヌの知性に関して気になることがある。私がやっていること、見ていることを観察していて、そのあとに、「ねえ、知っているでしょ」といってくる。これもすごいといつも感心させられる。一週間前におやつをしまった棚があるとしよう。コーディーがそこからおやつを出してほしいときには、私のその記憶をテストするように、「ほらここにあるでしょ」と視線で訴えてくる。それで、あ、と思い出す。私がかかわらない（つまり知らない）なにかを出してほしいときには、視線ではなく、激しく「ここを開けて！」って訴えてくる。どうやら私の知識や記憶の中身をコーディーも知っていて、それに応じて行動を変えているように思えた。

真似

朝食は、僕とアニータ、フック、ジャスミンとチャーリーがそろってから全員で食べることになっている。僕とアニータは床に伏せて優雅にゆっくり噛みしめながら食べるが、フックは飲むように一瞬で食べ終わってしまう。チャーリーもフックの影響か、食べるスピードがかなり速い。子どものころは、まだ食べている途中の僕の器に顔を突っ込んだりしていたが、ガツンと叱ってやったせいか、最近は我慢できるようになったようだ。アニータの器には絶対に近づかないので、子どもなりに状況判断できているということか。フックは横取りすることは絶対にないが、僕が食べている横に座って食べ終わるまでじっと見ている。そして、僕が全部食べたことをその目で見ているはずなのに、それでも僕が器のそばから離れたら、念のためなのか器の中をのぞきにくる。そんなふうに全員の器の中を確認し終わったら、水を飲んでフックの朝食がようやく終わるのだ。

フックとチャーリーは同じ食いしん坊だが、ニンゲンに対する警戒度はかなり違う。フックにとってニンゲンはとりあえずなにか食べものをくれる可能性を秘めている生きもののようだ。部屋にニンゲンが入ってくるたびに、必ずうれしそうに出迎える。ニンゲンはうれしそうにフックに触れるが、フックが期待しているのはそれじゃないことを僕は知っている。ただ、そうやって毎回出迎えることでときどきはなにかおやつをもらっているようなので、その努力はむだにはなっていないということか。一方、チャーリーはNとそのニンゲンとのかかわりによって態度を変える。Nが嫌そうな表情を見せたものは、それがたとえ初めて見たニンゲンでも、チャーリーは近づくまでに時間がかかる。ただし、これはNに限ったことで、KやMの場合はあまり気にしないようだ。僕にとってのKのように、チャーリーにとってNは特別な存在なのだろう。不思議なことに、アニータやジャスミンはこのようなことはあまり見られない。彼らにとってニンゲンとは、わざわざ自分から近寄って相手にするものではなく、向こうからやってくるものだと思っているからかもしれない。

アニータのすごいところは、自分ではあまり判断しないことだ。アニータは僕の様子を見て、そろそろ散歩かなとか、ごはんかな、おやつかな、というのを判断しているらしく、自分からKやNに積極的に働きかけることはない。ほかのイヌの動きを見て、最後においしいところを持っていくのだ。なんかずるいと思う。僕が毎日努力して、いろんなことを学んでいるのに、アニータは僕を利用しているような気にもなる。けど、賢くも見える。アニータにはかなわないと思う。

コーディーもそうだが、フックやチャーリーなど食いしん坊のイヌたちは、ごはんに対する期待がすごい。いつも散歩のあとに、ごはんの時間がくるのだが、ごはん前の散歩の前からソワソワし始める。まだかなまだかな、と顔をのぞき込んでくる。これの次はあれをして、そのあとはこれがきて、ととても期待が高まっていくらしい。ときにはその期待どおりにならないこともあるのだが、彼らはそんなにショックを受けないらしく、翌日も楽しそうに、期待に満ちあふれた顔で、「お散歩？」と私の顔を見てくる。期待といえば、フックの期待もすごい。お客さんがくると、とてもうれしそうにご挨拶にいくが、彼が期待しているのは、まれにもらえるおやつだ。お客さんの中には飛び切りのおやつを持ってきてくれて、イヌたちに与えてくれることもあるのだが、その「まれに」を期待して、毎回お客さんをお出迎えしている。けっしてお客さんを期待しているのではなく、お客さんが持ってきてくれるかもしれないおやつを期待してるのだ。コストベネフィットで計算するとかなりマイナスな気がするが、それでも楽観的な彼の様子を見ているだけで、気持ちがほぐれてくる。

アニータとジャスミンの特技は、ほかのイヌの様子を見て、自分の行動を決定するところ。特定の状況下で見ている相手がどのようにふるまっているかを理解し、そのあとの自分の行動や反応を、その相手のふるまい情報を参照しながら適応させること。この能力は、ヒト乳幼児でも非常に早い時期に出現することが実証されている。たとえば乳幼児は、新規の曖昧な状況において、養育者のふるまいを覚えて、その情報を有効活用する。有名な幼児模倣の実験では、生後一四カ月の幼児に大人が机の上のボタンを頭で押すか、それとも手を使って押すか、のデモンストレーションを示したそうだ。大人が手の使えない状況のときに頭でボタンを押しても幼児は真似しなかった。一方、大人が手も頭も使える状況で頭でボタンを押すと、幼児は真似して頭でボタンを押した。つまり、手が使えないから頭で押したに違いないと考えて、自分が押しやすい手で押したのだろう。言葉を持たない乳幼児による目標達成行動の模倣は、デモンストレーターが用いた手段の単純な再演ではなく、選択的な解釈のプロセスである。この実験とまったく同じものをイヌとイヌの間、そしてヒトのデモンストレーションをイヌが参照するかを調べた研究がある。いずれもウィーン大学のランゲ博士の成果で、イヌはイヌとヒトの行動を参照し、適切な場合にのみ模倣した。なるほど、機械的に同じ行動をとっているわけではなく、ちゃんとイヌは考えて、参考にしているらしい。ということは、たとえば、飼い主が失敗したのを見ると、違う手段をとるのか。うーん、そこまでは自分のイヌたちの行動観察で、気づいたことはないけれど、もしかしたら、そうなのかもしれない。飼い主が滑ったりしたら、そこを避けて通るとか。ありうる話だ。

敵

朝からニンゲンたちがなにやらワイワイと楽しそうにテーブルや椅子を運んだりしている。向こうの部屋では、普段は後ろ足だけで立っているニンゲンが、なぜか前足も床について四本足で走っている。それをチャーリーとジャスミンが楽しそうに追いかけていたが、じゃまだったのだろう、そのうち寝床の中に閉じ込められてしまった。こちらでは、なにやら棒を組み合わせたような長いものを持ってきたニンゲンが、それに登り、窓を布でこすり始めた。じつはアニータは、高いところにいるニンゲンが大嫌いだ。そのニンゲンは気の毒にも窓の側にいる間、ずっとアニータに吠えられ続けていた。そこから降りたとたん、アニータはにおいを嗅ぎながらすり寄っていったので、そのニンゲンが嫌いなわけではないことは伝わっただろう。そもそもなんでわざわざそんなことをしていたのか。アニータに嫌われることは、できるだけやらないほうがいいと思う。

アニータに限らず僕たちは、上から急に振り下ろされる前足と同様に、自分よりも高いところにだれかがいることが嫌なのだ。たいていのニンゲンは僕たちよりも高いところから声を出しているのだが、これはもう小さいときから見慣れているし、あまり危険がないこともわかっているから気にはしない。でも、今のようにいつもよりもさらに高くなると、思わず警戒してしまう。僕たちにとって、高さは大きさと同じだ。つまり高いところから見下ろす相手は僕よりも大きいと考えてまずまちがいない。一対一で戦えば、最後には体の大きさがものをいう。だから、自分より体が大きいものと出会ったら、僕やパンチだったらさりげなく横を向いて、気づかないふりをしてやりすごす。負けたわけではない。余計な争いを避けるための、それが礼儀なのだ。フックは敵をつくらないタイプだから、自分よりも強そうな相手に会ったら、まるで自分は子イヌですよといわんばかりに、姿勢を低くしてなるべく自分を小さく見せるようにするだろう。

では、アニータはなぜ高いところにいたニンゲンに吠えたのだろう。アニータは自分に自信があるせいか、ほとんどのイヌのことは無視をする（ただし、無礼な態度をとられたときはその限りではない）。ニンゲンもアニータにとっては脅威にはならないはずだ。もしかして、高いところにいるニンゲンを心配して吠えるのか、とも思ったが、まさかアニータに限ってそれはないだろう。

そろそろ部屋の中がもとどおりになったようだ。少し変なにおいが残っているが、床がピカピカと光っている。ようやく解放されたチャーリーとジャスミンが、もとどおりになったテーブルの間を走り回っている。声をあげてニンゲンたちと楽しそうに遊んでいる様子を、アニータが口を閉じてじっと見つめている。

大学にいるとイヌが日常とは違った場面に遭遇することはよくある。たとえば入学式や卒業式はその典型例。いつもと違った装いの学生さんになんだなんだと釘づけになったりする。ほかにも大掃除もその一例。大きな音はするし、机は外に出たり、自分たちも連れ出されたりすることになる。そんな非日常でイヌの行動を見ていると、なるほどと思うことがある。

イヌが嫌いなことに、ヒトが頭の上から急に手を出したり、じっとのぞき込んできたりすることがある。以前、イヌに吠えられるヒトがいて、イライラしたのか、近づいて上からじっとのぞき込んでいた。おかげでアニータとジャスミンは吠え続けた。「やれやれ、イヌに嫌われたいのかな、このヒトは」と思ってしまった。

イヌのような地上を歩く動物は視線の高さを大事にする。自分より視線が高い位置にあると、相手が大きいことを意味するので、警戒するし、あるいは自分がごめんなさいと攻撃的でない姿勢をとって、衝突を回避する。自分より小さい動物に対して自分が敵対的ではないというのを示すときには前足を折って、姿勢を低くする。こうやって敵意のあるなしを伝え合っているのだ。コーディーもアニータにはそのように前足を折ることがあるが、彼は少し群れのリーダーとしての自覚があるのか、ほかのイヌにはけっしてそのような姿勢をしない。アニータも子イヌを産んでからはそのような行動が減ってきた。たぶん、ほかのイヌから子イヌや家族を守るために、威嚇的になったのであろう。それに比べてジャスミンはだれにでも前足を折って、敵意はないよ、遊ぼうよ、と誘う。このご挨拶がうまくいくと、知らないイヌとも楽しく遊べる。知らないどうしですぐに遊び始められるなんて、ヒトの世界でもなかなかできない。イヌはすごいなと感心してしまう。

このような視線の使い方は、おそらくヒトも同じだなと思ってしまう。目上の方、というのは年上のことをいうが、それは「年上は、社会的にも地位が高い」という慣習からきている言葉だろう。ほかにも、「上から目線」「下から目線」など視線の高さを示す言葉も多数ある。最近のレストランでは、腰を落として、お客さんよりも低い視線でオーダーをとる店もある。西洋では、男性が女性にプロポーズするときに片膝になるが、あれも必然的にお願いする男性側の視線が下がり、見上げる形の「お願い視線」になっている。ヒトも無意識的にこのような視線の使い方をしているのだろう。

アニータから教えてもらったように、私も知らないイヌと仲よくなりたいときには、上からじっと見つめたり、手を出したりせず、場合によっては腰を落とすようにしている。コーディーと楽しく遊ぶときにはイヌの視線になって、よつんばいになり、転げ回って遊ぶ。そうすると、イヌも楽しいらしくものすごく乗ってくる。みなさんも、イヌとの遊び、イヌの流儀に合わせてみてはいかが?

協力

今日はいい天気なので、みんなで広場に遊びにきた。チャーリーとジャスミンはさっそく追いかけっこをし始めてどこかへいった。フックと僕はNの投げるボールを交互に拾って、Nのもとに返すという遊びを繰り返していた。ほんとうはクジラボールで遊びたかったのだが、フックがすぐに壊してピーピーという音がしなくなってしまうので、今日は普通の固めのボールで我慢だ。ふたりで一つのボールで遊ぶので、公平に投げてもらうことが重要だ。なるべくたくさん遊びたいので、ボールをとりにいったほうは速やかにNに返しにいくという暗黙のルールがある。フックはまじめなやつなので、ボールを拾うや否や、Nのところに戻り、目の前にボールを落としてあとずさる。チャーリーだったら順番なんておかまいなしにボールを咥えて走り回るから、今日はフックと一緒でラッキーだった。これはおたがいに協力しないと成り立たない遊びなのだ。

Nの前に僕とフックがスタンバイすると、Nはフックのほうにとりやすいようにボールを投げる。これはNの目線や体の向きでわかるので、フックはボールが着地すると思われる方向へ走り出し、地面で跳ねているボールをできるだけ早く回収するのだ。僕が本気を出せばフックより早く走ることができる。でも今回はフックの番なので、一緒には走るが、ボールには触れない。ボールを追いかけるのが楽しいのか、拾って咥えるのが楽しいのか、好みが分かれるところではあるが、いずれにしても順番を守ってちゃんとNのところにボールを戻さなければ遊び自体が終わってしまう。

アニータとパンチは、それぞれKとMと丸い板を投げてもらって遊んでいる。こちらは、板が地面に落ちる前に捕まえるルールだそうで、なるほど、一度地面に落ちてしまうと、ボールと違って薄い板を咥えるのはなかなかむずかしいのだ。だから、投げるほうも捕まえるほうもかなり真剣だ。ニンゲンが板を投げる動きを見ながら着地点を予想して、走る速さを調節するのだ。そして、アニータもパンチも、ひらひらと宙で舞うように飛び上がって丸い板を捕まえるのだ。

追いかけっこに飽きたらしく、チャーリーとジャスミンがニンゲンたちに絡んできた。あまり遊びすぎるとフックがまた足を引きずるようになるので、ボール遊びもそろそろ終わりだろう。よく考えたら、僕たちは僕たちだけで一緒になにかをするということはあまりない。もちろん、危険を察知してだれかが吠えたら一緒に吠えることもあるし、寒いときは体を寄せあって眠ることもある。チャーリーとジャスミンのように追いかけっこをするのも楽しい。でも、ニンゲンといると、僕たちだけではできないような遊びをすることができる。ニンゲンと一緒に出かけるときには、知らない場所にいく怖さよりも、ワクワクする気持ちのほうが勝っている。そして、今日のように遊び疲れたあとは、それぞれニンゲンのそばでぐっすり眠りにつくのだ。僕は僕たちの世界とニンゲンの世界をいったりきたりしているのだ。

イヌの仲間はおたがいをどう見ているのだろうか。たとえば遊び行動を見ていても、なんとなく役割分担し、手加減しているところを見ると、相手のことを気遣いながら、行動を調整しているようだ。コーディーは明らかにフックに気を遣って、遊びのスピードや、交互にボールをもらうなどしている。ジャスミンとチャーリーも追いかけっこで遊ぶときに、交互に追いかける、追いかけられる（見ていると追いかけるほうが断然楽しいように見える）を繰り返している。いい役だけを独り占めできない。これが協調性や協力といえるのかはさておき、じょうずな集団行動といえるだろう。もっとも集団らしいのはなわばりの防衛。いつも一緒にいるし、血縁の一族になってしまったので（フックは追認定）、そういう意味では家族の絆は強く、内集団を守り、外集団に対する敵対心が高い。知らない個体、とくにイヌなんかは近づけるものではない。一致団結して、吠えて追い出している。そして追認定されたフックも今や一緒に吠えているのを見ると、仲間に加えてもらったのだなあとしみじみと感じる。

集団の形成において、平等であることは重要だ。集団で得た獲物はみんなで分配しないと、手伝った意味がない。助けたら、助けられるようなしくみが必要だ。有名な実験に、不平等嫌悪というのがある。ヒトでは多くの研究成果があるというが、動物でも研究が進み、フサオマキザルの動画などがネットでも見られる。かなり人間みたいで笑ってしまう。この実験は、エモリー大学のフランス・ドゥ・ヴァール博士が報告したものだ。一緒に暮らしているフサオマキザルを隣合せのケージに入れて、餌の報酬と引き換えに小さな石を渡すように訓練した。多くのサルは、石を渡すたびにキュウリのスライスが与えられると、喜んで石を渡したそうだ。しかし、フサオマキザルはキュウリのスライスよりもブドウのほうが好きだ。実験者が片方のサルに代わりにブドウを手渡すと、それまでキュウリのために喜んで働いていた隣のケージのサルは動揺し、キュウリのスライスをもらうことを拒否した。同じ労力（石を拾って渡す）で隣のサルのほうがよい報酬を得ていることが明らかになると、それまで受け入れられていたものが、すぐに受け入れられなくなった。なんと最後は報酬としてキュウリを提供しようとする実験助手にキュウリを投げつけた。ヒトも同じ労働を支払ったのに違う評価や報酬が支払われていたとすれば、いらだち、不平をいうだろう。ヒトに特異的と考えられてきた、平等という道徳的感情は、集団のメンバーが安定するためのしくみとして進化してきたことを意味するのかもしれない。じつはこのあと、同じような実験がイヌでも実施されている。ウィーン大学のレンジ博士らは、イヌが不平等（今回はお手をするとおやつがもらえるか、もらえないか）を嫌い、ヒトのいうことを聞かず、いらだつことを報告している。子イヌのときのコーディーとアニータの間でも同じような不平等へのいらだちを見ていたので、それ以来、不平等な扱いには気をつけていた。でも、イヌたちは自分だけがおやつや餌をもらっていても、まったく不平はいわない。自分が低く扱われるといらだつが、自分が優位に扱われるのはかまわないらしい。まだまだ不平等の概念はヒトにはいたらないのは当然かな。

第6章 絆の形成

お別れ

僕の記憶では、チャーリーとジャスミンがきたのは寒いときのはじまりだったと思う。もう一回寒いときがやってきて、最近少しずつまた暖かくなってきた。僕が初めてKの家にきたのもこのくらいのときだった。あのときは、Kの家の中が僕の世界のすべてだった。あれからアニータ、パンチ、フック、そしてチャーリーとジャスミンが加わってにぎやかになって、たくさんのニンゲンたちにも出会って、少しずつニンゲンのことがわかるようになってきた。走ったりしゃべったり、なにかせずにはいられなかった気持ちも徐々に落ち着いてきて、今ではニンゲンたちの横でのんびりゆっくりと過ごすほうが楽だと感じる。僕の中で隣あわせだった僕たちの世界とニンゲンの世界の、重なる部分が大きくなってきた、そんなふうに感じるときもある。

いつもこの時期は、毎日遊んでくれたニンゲンたちがある日を境にいなくなる。あとでまた会えるニンゲンもいるけれど、二度と会わないニンゲンがほとんどだ。みんなどこにいってしまったのだろう。その代わり、また新しいニンゲンたちが現れる。彼らは最初はニンゲンのルールで僕たちと接しようとするから、僕たちのルールをまた一から教えてやらねばならない。だから、この季節はちょっとせわしない。ニンゲンにルールを教えるのはおもにアニータとジャスミン、チャーリーの役目だ。いつもふたりでコロコロと遊んでいたチャーリーとジャスミンの関係も最近少し変わってきた。チャーリーは体が大きくて強そうに見えるけれども、ジャスミンには勝てないようだ。ジャスミンは最近さらにアニータに似てきて、礼儀に厳しくなってきた。パンチとフックは相変わらずだ。おやつがもらえることを期待してか、新しくきたニンゲンのまわりを楽しそうにうろうろとしている。

僕はときどき、白くて大きかったイヌのことを思い出す。ずいぶん昔のことのようだが、確かチャーリーとジャスミンはもういたはずだからそんなに前のことではない。そのイヌはあるニンゲンに連れられて毎日きていたが、ある日突然こなくなった。さびしそうな顔をしていたが僕たちのことを避けているようだったので、アニータもとくに絡むことなく、最後までなにを考えているのかよくわからないままだった。突然こなくなってからも、そのニンゲンは毎日一人できていた。あのイヌはいったいどこにいったのだろう。Kは僕とアニータとジャスミン、Mはパンチ、Nはフックとチャーリー。僕たちはいつも一緒にいるし、外を歩いていてもヒトと一緒にいないイヌは見たことがない。

突然いなくなったニンゲンたちとあの白いイヌ、今はいったいどうしているのだろう。

ヒトもそうだが、家族や仲間になり、親和的な関係が形成されると、必ず訪れるのが別れの悲しみである。生きとし生けるもの、必ず命には限りがあるし、それは残されたものにとってはつらいときをもたらす。イヌに限らず、動物を飼育することは、つまりその動物の最期を看取らなければならない。それはもちろん、飼い主にとっては悲しいできごとであり、できれば先延ばしにしたい気持ちになる。しかし、冷静になって考えれば、それが生まれてきたものの宿命であり、だからこそ、生きているときにどのような関係を持ち、支え合い、ともに生きるのかを考えなければならない。死は生の対極ではない、死は生の一部である。

コーディーとアニータが仕事場にくるようになり、しだいにヒトもイヌもにぎやかな場となってきた。卒業による別れと新入生の受け入れ、という入れ替わりは年に一度のイベントで、それでもイヌたちはそんなこともあるのか、とだいぶ慣れた様子で受け入れている。新人さんがきたときには多少の緊張が高まるものの、いつもおやつをもらい、何度も顔を合わせていると、そのうち仲間として認めてもらえる。そうやって何年かが繰り返された。

研究室の学生の一人が、事情があってグレート・ピレニーズの成犬を引き取った。そのグレート・ピレニーズは、いくつかの心身の不具合を抱えていたが、その学生の机の横にクレートを置いて、日中はその中でおとなしく寝ていた。飼い主の学生がいるときにはある程度歩き回ったりもしていて、多少なりとも楽しんでいるように見えた。ある日、学生から連絡が入った。散歩中に大きな音がして、その音で心臓発作を起こし、そのまま亡くなったそうだ。心臓が悪く散歩も長くできなかった。大型犬だったので、その介護もたいへんで、大きな車輪のついたキャリーで行き来していたりもした。最後は少し歩いていたようだが、まさかそんなに早くに亡くなるなんて、とみんなが思っていた。突然の別れは、飼い主の心の準備もできない。いつもそこにいて当然と思う存在を突然失うことは、言葉にならないかもしれない。ヒトとイヌは特別な関係といわれているが、そのような関係であるからこそ、その別れが重くのしかかるのだ。

お留守番

フックはチャーリーが大好きだ。チャーリーが寝床に入っているとなぜかフックも入りたがる。チャーリーはちょっと迷惑そうにするが、もうあきらめたのか、寝床の中でぎゅうぎゅうになってフックと一緒に寝ている。チャーリーとジャスミンがまだ小さかったころ、フックはふたりとよく遊んでやっていた。伏せているフックの上に乗ったり、しっぽをおもちゃにしたり、耳をひっぱったり、やりたい放題だったが、あれはフックに心を許して甘えていたからだろう。すっかり大きくなったチャーリーに、今ではフックのほうが甘えているように僕には見える。

今日、Nが出かけていった。あの様子だと当分帰ってこないのだろう。僕は何度も経験しているから知っている。Kが大きな荷物を持って出かけるときは、僕たちはほかのニンゲンに預けられ、しばらくはそのニンゲンの家にいかねばならないのだ。最初は慣れない場所で眠れずに、Kが迎えにくるのを今か今かと待っていた。でも、同じことを何度か繰り返して、二、三日したらKが戻ってくることがわかってからは、少しの不安はあるけれどもとりあえず夜は眠れるようになった。不思議なことに、アニータはそんなときでもあまり変わった様子は見られなかった。知らない家でも柔らかい寝床を見つけて、あたりまえのような顔をして、そこで寝ていた。僕が一緒だから安心しているのか、それともKが自分を置いていなくなることなどないとわかっていたのか。Nが出ていったとき、チャーリーはとくに気にせずおもちゃで遊んでいた。そのあと、Nのいない散歩をして、Kが準備したごはんを食べて、いつもの寝床ですやすやと眠っていた。

窓の外が真っ暗になってもNが戻ってこないことにそろそろチャーリーが気づいたようだ。それでもフックもいるし、まだ落ち着いている様子だ。フックはチャーリーよりも長くNと一緒にいるから、Nがいないことには慣れている。ぐっすり眠ったままである。

Kが帰り支度を始めた。Mとパンチはすでにいない。さすがにチャーリーもおかしいと思ったのか、ドアを出ていこうとしているKと僕たちのあとを追ってきた。フックが寝床から首をもたげてその様子をうかがっている。ほかにも数人のニンゲンが残っているから、だれかがチャーリーとフックを連れて帰るのだろうか。

翌朝、部屋のドアの前に到着して、Kに足を拭いてもらっている間、ドアの隙間から、すんすんとにおいを嗅ぐ音がする。ドアを開けたらチャーリーが立っていた。隣の部屋には、床や並べた椅子に寝ているニンゲンたちが見えた。どうも昨夜はみんなでここに泊まったようだ。フックはちゃっかりとニンゲンと一緒に毛布の上で寝ている。チャーリーはずっとドアの前にいたのだろう。床が温かくなっている。僕たちの顔を見てさかんにしっぽを振っていたが、Nがいないことがわかったら、とぼとぼと寝床に戻っていった。

アメリカ文学の巨匠であるジョン・スタインベック。彼もスタンダード・プードルのチャーリーを飼っていた。所有するピックアップトラックを改造し、ロシナンテ号と称して、チャーリーを連れてアメリカ横断の旅に出た。その旅行記『チャーリーとの旅』は私の愛読書の一つである。その中で、スタインベックがいっている。「チャーリーは心を読むイヌだ。彼はその人生のなかで、何度かさびしい思いをする。私が長期の出張に行く際、それを心の中で思い描くだけでクンクンと不安がっている。スーツケースが出てくるや否や、その不安がさらに高まり、最後はヒステリックな声を出すまでになる」（筆者簡略）。この文章から二つのことがうかがえる。一つはチャーリーがスタインベックの心の状態を敏感に察知することができるということ。そして、もう一つはスタインベックとチャーリーの間には強い情緒的なつながりがあること、その絆ともいえる関係性が剥奪されると、それは時間的に短くても、チャーリーに精神的苦痛を与える、ということだ。

Nさんのチャーリーも、スタインベックのチャーリーと同じく、飼い主が不在になると、不安げにドアばかり見ている（じつは、チャーリーの名前の由来は、スタインベックのチャーリーだ）。いつ帰ってくるのかと待ち続ける姿はあまりにも切ない。ただ、これも慣れがあるようで、コーディーやアニータなどは、私の不在がしょっちゅうだったので、またか、帰りは遅いのかな、それとも数日後かな？なんて顔をして見送っている。見送ってくれるときにはさびしそうな顔を見せるので、出かける瞬間もつらくなる。こちらも平然としていないと、余計にイヌの不安を高めてしまうので、なにごともないように、ささっと身支度をして出かけるようにしていた。

Nさんは私と違い、あまり外出が多くないので、チャーリーは慣れるまで多少の時間を要した。ただ、愛着や絆は閉ざされた二個体に限られると非常にタイトになるが、チャーリーには、ジャスミンをはじめ、コーディーやアニータ、そしてフックがいた。いつもの仲間、家族がいることは彼にとって癒しとなっただろう。不安そうな顔も消え、ごはんももりもりと食べて、いびきよろしく寝ているところを見ると、こちらも安心する。

絆、すなわちボンドは、英語の単語そのままで、密着という意味を持つ。本来は、身体的な密着も含む意味である。霊長類の親子では一日二四時間、ずっと抱っこで母子が離れることがない。これがボンド。もしそのボンドをはがそうものなら、それはくっついていた皮膚をはがすがごとく、母も子どもも大さわぎになる。心的痛み、である。ヒトの親子でも、そしてイヌと飼い主の間でも同じようなことが観察できる。イヌでは分離不安といわれ、お留守番のできないイヌがいて、お留守番をさせようものなら、ずっと鳴き続け、おしっこやうんちを漏らして、嘔吐する個体までいる。ここまで不安が高いと、さすがに飼い主もまいってきて行動治療の対象となるらしい。

このような絆の形成は、そもそも、脆弱な新生児や幼児が、親や世話役を頼って生き延びるための生存戦略である。絆を形成することで、親は子を守り、育てる。そのことで、子は正常に育つことになる。イヌはどういうわけだか、ヒトから助けてもらうことで、生き延びる術を身につけてきた。もちろんそれがなくても生きることはできるが、より楽に生きられるようである。野犬の調査でも、ほんとうの野犬は少なく、人里に出入りするいわゆる野良犬のようなものが大半を占める。このことは、ヒトのそばに近づく、という習性が遺伝子に刻まれていることを意味しよう。

生体機能としての絆。それには身体や内分泌を介した絆の形成システムが存在する。有名な絆ホルモンのオキシトシンの出番である。分娩、その後の授乳刺激により、母親にはオキシトシンが大量に分泌され、養育のスイッチが押される。それと同時に、「これがわが子」と記憶を形成し、見返りを求めることのない献身的な育児が始まる。子も親からの接触や声かけを介してオキシトシンを分泌させ、それが子の親に対する絆の形成を進める。ここには親和行動とオキシトシンを介した、ポジティブ・ループが存在し、おたがいの存在とかかわりが、おたがいのオキシトシンの分泌を高めて、最終的に絆といわれるような関係性へと促される。

ではイヌと飼い主、この二つの動物は別種、でもオキシトシンを介した絆が成り立つのか。二〇一五年に公表された論文では、ほんとうにそれがあるらしい。イヌからの視線が愛着行動として作用し、飼い主のオキシトシン濃度が上昇する。視線を受け、オキシトシンを上昇させた飼い主は、イヌに声をかけ、なでる行動が増える。イヌもかわいがってもらって、オキシトシンが上昇。このイヌのオキシトシンの上昇はさらに飼い主に対する愛着行動を増加させる、という。このようなオキシトシンのポジティブ・ループはオオカミで認められなかったことから、ヒトとイヌがともに歩み始めて、おたがいの進化・家畜化を促進させ合うことで（共進化ともいわれる現象？）成り立つようになった、と考察されている。

そんな進化的な流れを知らぬチャーリーは、不安に押しつぶされそうになりながら、仲間の人間たちと一緒に、Nさんのいない夜を過ごした。

おかえりとただいま

チャーリーはその日は一日、ドアが見える場所に伏せていた。ごはんは食べるし、散歩も楽しそうに出かけていたのでそこまで深刻ではないだろうが、明らかにいつものチャーリーとは違っていた。足音がするたびにいそいそとドアに向かっていったが、そのうち、それもしなくなった。寝床でうつらうつらしているところを見ると、昨夜は寝ていなかったのだろう。チャーリーはジャスミンと一緒にきて以来、KやMともほとんど毎日一緒に過ごしているし、ほかのニンゲンたちとも毎日さんざん遊んでいる。フックとはいつも一緒にいる。それでも、Nがいなければだめなのだ。

僕はKと一緒にいるときは、ずっとそばにいる必要はないと思っている。むしろ、ほかのニンゲンたちと遊んだり、おやつをもらったりと、違う場所で過ごすことのほうが多いかもしれない。でも僕は、ちゃんとKがいるのか、ときどき確認するし、隣の部屋からKの声が聞こえると、安心する。僕にとってのKが、チャーリーにとってはNなのだろう。広場で遊んでいても、チャーリーはときどき戻ってきて、鼻先でNにつんと触れてからまた遊びにいく。チャーリーは、Nに知らないイヌが近づくのがあまり好きではない。ニンゲンに対しても同じだ。ただし、Nと親しく話をするニンゲンは認めているようだ。おもしろいことに、そのニンゲンと一緒にいるイヌならば、たとえ初めて会ったイヌでも受け入れるようだ。Nと親しいかどうか、それがチャーリーの基準なのだろう。

一方、アニータとジャスミンは、僕やチャーリーとは違うようだ。僕とチャーリーは、知っているイヌがKやNに近づくことはあまり気にしない。たぶん、パンチやフックもそうだろう。でも、アニータとジャスミン、とくにアニータは、僕たちがKと楽しそうに過ごしていたら、必ず間に割って入ってくる。そういえば、この前、キクマルが遊びにきたときはたいへんだった。キクマルはパンチと一緒に生まれた真っ白い子だ。大きな体で穏やかな性格だ。キクマルは子どものころ、さんざんアニータの世話を受け、僕ともたくさん遊んでいるのに、僕たちよりもKのことのほうが好きらしい。Kを見た瞬間に喜んで跳びかかろうとしたものだから、アニータの怒りを買ってしまった。かわいそうなキクマルは、部屋の隅でおもらしをしてしまった。わが子といえども、容赦はしない。だからといって、アニータはいつもKのそばにいるわけではない。普段は僕たちと同じように、思い思いに、居心地のよい場所で過ごしている。Kを独占したいのか、それとも自分がいないところで僕たちが楽しそうにしているのが気に入らないのか。よくわからないが、なかなか複雑だ。

けっきょく、Nは翌日の夕方戻ってきた。建物の入口のドアが開く音がして、N特有の少しぺたぺたした足音が階段を上ってくる。チャーリーは寝床から飛び出して、ドアの前で見えないくらいしっぽを振っている。ドアの隙間からにおいを嗅いで、Nであることを確かめようとしている。フックも気づいたようで、ドアに向かっていく。そんなふたりをみんなが注目している。今やこの部屋にいる全員がこれから起こることを想像して、ドアが開くのを固唾を飲んで見つめている。

絆が形成された個体どうしが一時的にせよ離れることはやはりつらい。離れた時間のあと、再会の場面が訪れる。ボンドというくらいだから、別離中のストレスからの解放、それは喜びに満ちあふれているはずだ。Nさんがいない間、いつもとは違う様子を見せていたチャーリーもつねにドアのほうを気にしている。まだかまだかと、待ちわびている様子だ。やっとのことでNさんが帰ってくる。足音だけでその到着を知り、もういてもたってもいられない。立ち上がり、しっぽが振り切れんばかりに振られる。そして感動の再会である。声にならない声を上げ、立ち上がり、飛び跳ねて喜びを全身で表している。きっとほんとうにうれしいんだろうな、と思う。それに比べるとコーディーやアニータ、ジャスミンは静かなものだ。確かにお出迎えしてくれるし、しっぽも振っているが、チャーリーほどの歓喜の舞いはない。絆が深いことも悪いことではないが、別れている間のつらさを考えれば、あまり深いのもどうかと思うこともある。チャーリーくらいまでが、ぎりぎりかな。

イヌはどの程度の記憶を持っているのだろう。「犬は三日飼えば三年恩を忘れぬ」というが、そんなに記憶力がいいのか。それでいうなら、私はアニータの子を八週間、つまり五六日お世話した。そうすると五六年間、忘れないのか。すでにそれはイヌの寿命を超えている。でもほんとうによく覚えているものだ。コーディーとアニータの最初に育ったきょうだいたちの中でもっとも大きく真っ白なキクマルはその典型例。新しいおうちにもらわれていってからは、年に数回会うか会わないかなのだが、その会うときの喜びようは、先のチャーリーと同じだ。声にならない声を出し、喜び跳び回る。一度、その様子をアニータに見られて、こっぴどく叱られていた。アニータはそんなに私に甘えることもないが、やきもちは焼くらしい。いつもほかのイヌをかわいがろうとすると、間に入ってじゃましてくる。つねにそばにいるわけでなく、そのときだけすぐ近寄ってくる。はて、どのような関係といえばいいのだろう。

アニータの子で、三年ぶりに里帰りしたコーちゃんというオスがいた。せっかくなので、覚えているかを調べてみた。細かい手続きは省略するが、見知らぬヒトとの出会いと、私との再会を比べてみた。知らないヒトは嫌らしく、吠えてあっちにいけという。そこで私が代わってコーちゃんに近づくと、最初は吠えていたものの、どこかで気がついたらしく、吠えるのをやめ、においを嗅ぎ始めた。最後はしっぽを振っていたので、たぶん覚えていたのかな。そう思うと、なんだかいとおしく思えてしかたがない。

ヒトはこのような感動的再会場面では、よく涙を流して泣いている。泣くというのもまたヒト特異的と考えられてきた。もちろん、動物も痛い思いをしたり、目にゴミが入ると涙を流す。これは侵害物を洗い流す意味があり、眼球の防衛だ。ヒトでは感情が揺さぶられたとき、喜びや悲しみ、ときには笑いでも泣くが、その機能は明瞭にはわかっていない。最近の研究で、動物も感情的になって泣く!?というのを聞いた。イヌが飼い主と再会すると涙の量が増えるらしい。そしてそれは飼い主特異的で、仲のいい相手では涙液量は増えなかったそうだ。じつはオキシトシンには涙を増やす機能がある。涙腺に作用して、涙液を押し出したり、脳に作用して、涙液の産生を高めたりもする。なんと、そうすると再会場面では飼い主もイヌもオキシトシンが高まり、その結果として涙が流れるのか。ますます自分のイヌ、という存在がいとおしいものに感じてしまうではないか。

第7章 おわり

老い

最近の僕は、広場に行っても以前のようにはすばやくボールを追うことができない。でも、それはフックも同じようだ。相変わらずフックとNとボール投げをして遊んでいるが、Nもそんな僕たちに気を遣ってか、ボールをゆっくりと高く放り、あとずさりして待ちかまえている僕たちの足元に落ちるように投げている。横入りしてくるチャーリーにボールをとられることもあるが、Nはチャーリーからボールを取り戻し、僕たちのほうに向かって投げる。チャーリーも、自分が相手にされていないことに気づいてか、またジャスミンとの遊びに戻っていく。もちろん、今でも僕が本気を出せば、チャーリーを追いかけてボールを取り戻すことは簡単だ。ただし、そのあとは疲れてしまうので、少しでも長くボール遊びができるよう、Nに任せている。フックも最近は足がだいぶ悪くなってきたらしい。寝起きには立ち上がりにくいこともあるようだ。だから、Nは以前のようには長くボール遊びをしてくれないのだ。

ぽつぽつと雨が落ちてきた。遠くでゴロゴロと音がする。雨が強くなる前に帰らねば。アニータは今でも元気だが、以前は怖がっていたこの音を、今は気にしなくなった。寝ているときにチャーリーとジャスミンが大暴れしていたら、すぐに立ち上がって叱りにいっていたものだが、気づかずに寝ていることが多い。でも、うっかりチャーリーがアニータのしっぽに触れたら、前のように叱りつけていたので、別に性格が穏やかになったわけではないようだ。耳が聞こえづらくなったのかもしれない。そういえば、アニータの目は少し白っぽい。Kの投げる丸い板を最近取り損ねることが多いことと関係があるのかもしれない。濡れることなく無事に部屋に戻った僕たちは、食事を済ませ、思い思いの場所でくつろいでいる。満腹になったせいか、雨の音を聞きながら僕は眠たくなってきた。

コーディーも一〇歳を過ぎるくらいから、彼の年齢を感じるようになった。足が遅くなったし、ボール遊びで、切れ味が低下した。ピリッとしたキャッチやターンができないのだ。それはしかたのないことか。アニータも寝ている時間が増えてきた。雷の音が大の苦手だったが、今は聞こえないのか、嫌がらなくなった。音全般に対して反応が低下してきているので、おそらく耳が遠いのだろう。ところが、本人はまったくそのことを気にしていない。むしろ、「最近はまわりが静かになって過ごしやすいわ」といっているように、のんびりリラックスした生活になった。ほほえましいものだ。しかし、年をとることは、お別れが近づくことを意味するので、そう考えると悲しさがあふれてくる。あと何年、この子たちと一緒にいられるのだろうかと。

年をとることはけっして悲しいことだけではない。飼い主との生活が長くなるので、よりいっそう関係が深まる感じがある。なにもいわなくても、おたがいが理解して、同調して、一体感が高まってくる。私とコーディーの間でも、とくになにもいわなくても、私の考えが伝わるし、一緒に歩くときも歩調が重なり、そしてふたりの間の境が消えていく。年を重ねることは、その後に訪れる別れがつらくなるものだが、関係性がほんものになるとはそういうものかもしれない。

じつはジャスミンを迎えることを決意したのは、いつかコーディーとアニータがいなくなることがつらすぎると思ったから。そしてコーディーとアニータの面影がすべて消えてしまうことのさびしさからであった。ジャスミンがいれば、その面影を追いかけられる。そしてまだ一緒にいるような感触も得られる。ジャスミンがジャスミンであることはもちろんである。しかし、そのジャスミンの中にコーディーとアニータを感じることができるだろうと思った。

彼らの老いを見ていると、自分の老いも、感じるようになった。若いころは老後とか、死とか、想像することはできなかったし、する気もなかった。イヌを飼うと、おのずと老いを体の中に見ることになる。それに気づかされることは、つらくもあるが自分の理解にもつながる。自分の生の中に死を見ることもできる。死を知ることはすなわち生を知ることだし、生を知ることで、刹那の大切さが胸を打つ。そう、私は彼らとともに生きながら、自分を見つけさせてもらっているのだ。

進化

カサカサという物音に気づいた。そっと見下ろして様子をうかがう。雨上がりの蒸し暑さの中に漂うにおいと音を頼りに、方向を見定めて、静かに木から降りる。相手はまだこちらのことに気づいていないようだ。少し大きめだから、これでしばらくの間は飢えが凌げるかもしれない。静かに近づいて間合いを測っていると、気配に気づいたのか走り出した。僕も一気に走って、ひと思いに仕留めねば。いつまでもここにいたら、僕のほうが餌食になってしまう。僕よりもはるかに大きなやつらが腹をすかせて歩き回っているのだ。仕留めたあとは木の上に戻っていただくとしよう。せっかくの獲物を見逃さないように、周囲を警戒しながら、僕は思い切り後ろ足を蹴った。

次の瞬間、僕は草原を走っていた。少し寒い。背後の森は小さくなり、空気が乾いているのを鼻面で感じる。遠くに頭が大きくて不格好なやつらが見えたので、僕は立ち止まって草陰に隠れた。やつらは走るのがそんなに得意ではない。その代わりに辛抱強く待ち伏せをして、獲物を狙うのだ。動きは鈍いくせに、噛む力は異常に強いから、大きな獲物でもあっというまに平らげてしまう。僕はどちらかというと、いつまでも獲物を追いかけて、追い詰めるほうが得意だ。たぶんやつらのあの鈍い動きではあの獲物に逃げられる。そしたら、今度は僕がどこまでも追いかけよう。そして、仕留めたあとは安全な場所で切り裂きながら時間をかけて優雅に食事をするのだ。仕留めたあとのことを想像しながら草むらの中に伏せたまま、いつでも走り出せるように全身を耳にして待つのだ。

草むらの中から、遠くで父さんがゆっくり立ち上がるのが見えた。そうだ、今日は父さんと母さんと一緒に狩りにきたのだった。ひとりで行動するのは気楽だが、生き残るためには家族で行動したほうが確実だ。僕もだいぶ狩りがじょうずになってきた。ひとりで仕留めることもできるようになったが、チビたちがおなかをすかせているから、なるべく大きな獲物を捕まえる必要がある。だから、父さんと母さんと一緒に狩りにきたのだ。大事なことは、父さんの顔の向きに注意することだ。父さんが見つめている先には、大きなシカの群れがいる。この群れを静かに追いかけるのだ。父さんからの合図があるまでは息をひそめて我慢しなければならない。辛抱強く待っていたら、そのうち、群れから離れたシカが出てくるはずだ。チビたちが生まれてからは僕はずっと子守りをいいつけられていた。父さんと母さんが戻ってくるまで、チビたちと遊びながら待っている。遊びといっても、ただ漫然と遊んでいるだけではない。チビたちにやっていいこととといけないことを教えねばならない。僕も兄さんに教わった。兄さんはやさしかったから、ときにはきつく叱られたけれども、僕がしっぽを巻いておなかを見せるとすぐに許してくれた。大事なことはけんかに勝つことじゃない。けんかをしないことだと教わった。だから僕もチビたちに同じように教えよう。父さんと母さんは戻ってきたら、チビたちのために獲物を吐き戻す。そうやって、僕も大きくなったのだ。でも、僕の分はない。子守りから解放されたら僕はひとりで自分の食事を探しにいかねばならない。じょうずに狩らないとひもじいまま夜を過ごさねばならない。だから、今日は父さんと母さんと一緒に狩りに出かけられることが、少し認められたようでうれしいのだ。父さんが頭を低く下げたまままゆっくり動き出す。父さんの視線の先には群れから離れた若いシカがいる。母さんもゆっくり動き出し、父さんと呼吸をあわせたように一気に走り出した。僕も夢中でシカに向かっていった。

起きたらいつものベッドの中だった。Kが笑いながら僕を見下ろしていた。ここは蒸し暑い森の中でも、草原でもないし、シカの群れも、父さんも母さんもいない。僕は眠りの中でどこかにいっていたようだ。近ごろはよくあることだ。僕はあんなふうに獲物を狩ったことはないが、動いているおもちゃを見たら追いかけたくなるし、小さな動物の形をしたおもちゃは、ときどきおなかを引き裂きたくなる。最近はなんだか体が重くて、そんなふうに感じることは少なくなってきたけど。さっき久々に広場でボール投げをして遊んだせいか、僕の体の中で不思議な感覚がうずいたような気がした。

イヌはいつからイヌになったのだろうか。イヌでなければ、これだけの一体感は得られなかっただろうと思っている。かわいいだけではない、同調や協働がもたらす一体感、身体と心がつながり、分かちがたい高揚感を与えてくれる存在は、地球上にほかにはないのではないかと思ってしまう。では、異なる種として誕生したホモ・サピエンスとイヌのかけがえのない関係の成り立ちはどのようなものだったのだろうか。

肉食獣の祖先はいろいろといわれているが、ヘスペロキオンという食肉目の動物から派生してきたと考えられている。カナダ南部からコロラド州までの北米に生息していた。中期始新世に出現し、約一一五〇万年間存在した。ヘスペロキオンはイタチのように体が細長く、木登りを得意とする動物で、小動物を中心に捕獲して食していたと考えられている。まだ小型で、周囲には大型の肉食動物が多くいて、逃げ隠れしながらの生活だった。

四〇〇〇万年前にヘスペロキオンが出現してまもなく、レプトキオンが登場したとされている。同じイヌ亜科に属するボロファグスもヘスペロキオンの子孫の肉食獣で、当時もっとも栄えた肉食動物だったと考えられている。大きな頭骨が特徴で、かなり噛む力も強かったと思われている。しかし、ボロファグスは残念ながら絶滅してしまった。一方、レプトキオンは最初のイヌ科（イヌ科のイヌ亜科に属する）とされているが、ヘスペロキオンにくらべてそれほど大きくはなく、小さくてめだたない存在であった。レプトキオンの直系の種であるユーシオンは、ベーリング海峡をつなぐ海氷によってユーラシア大陸と北南米大陸の両方に生息域を広げた。六〇〇万年前の北米では、ユーシオンの個体群が現在のイヌ属の最初の仲間に進化し、これらのほかの大陸に広がっていった。茂みに隠れて、獲物を捕まえる手法から、しだいに集団で草原を長時間走り、獲物を追い詰めて仕留める方法へと変化していった。集団化することで、協力行動が芽生え始めた。ともに走り、獲物を協力してとらえる。そんな遺伝子がコーディーにも引き継がれているのか、草原を走るように足を動かして寝言をいっている。

不安

最近、無性におなかが減る。さっき食べたはずなのに、こんなにおなかがすくものだから、もしかしたらさっきの食事は僕の記憶違いだったんじゃないかと思うこともある。体がだるくて重いのはおなかが減るせいなのかもしれない。ニンゲンたちに催促するとたまになにかくれることもある。だから、おなかがすいたら僕は念のためにニンゲンに知らせるようにするのだ。

ただし今日は、僕は確かに朝の食事を食べていないと断言できる。今朝はなぜだかいつもの食事が出なかった。僕がいない隙にみんなは食べたのだろうか。満足そうに寝ているし、アニータの口元を嗅ぐと、うっすらといつものごはんのにおいがした。おかしいと思いながらも、おとなしく待っていたら、Kが僕を外に連れ出した。僕だけ特別に散歩だろうか。いつもだったら特別扱いがちょっとうれしいのだが、今日はなによりおなかがすいている。少しだけ歩いて、ほかの建物に入ると、白い服を着たニンゲンが出迎えた。この白服は知らないやつじゃない。ときどき僕たちの部屋にきて、KやMと話をする仲だ。Kと白服は立ったまま話し込んでいる。たいがい、白っぽい服を着たニンゲンがいるところにいくと、いつも冷たい台の上に乗せられて、体中をなでまわされたあとに首元がちくりとするのだ。気づかないくらいすばやく終わるので、とくに怖いことはない。少しだけ我慢したらすぐに台から降ろされて、Kと一緒に家に帰ることができるのだ。

今日もすぐに帰るのだろうと気軽に考えていたら、いつもとはちょっと勝手が違った。Kは僕を白服に預けたまま、部屋から出ていってしまった。一緒に部屋に残された白服はまったく知らないニンゲンではなかったし、Kが出かけるときにほかのニンゲンに預けられることには慣れている。白服はそのまま僕を奥の部屋に連れていき、やはり台の上に乗せて僕の体をいろいろと調べたりし始めた。いつもよりかなり時間がかかったが、そのうち、いつものチクリを感じたので、いよいよ帰るのだろうかと思っていたら、どうしようもなく眠気が襲ってきた。

年をとると頑固になり、自分の思ったことをやりたくなるのは、どうもヒトだけではないらしい。コーディーも一四歳を過ぎたころから、ごはんをあげても、まだもらっていないとか、飯はまだかとか、吠えて催促してくるようになった。それでも食欲もあるし、歩くことに困ることはなかった。通常の大型犬でいわれる一四歳の様子と比べると、彼の強靭な身体は、その年齢を感じさせなかった。それでも、しだいに彼の中では老いが勢力を広げてきていたのだろう。

コーディーの調子がおかしいと思ったのは、朝起きたときの彼の様子からであった。頭を床に寝かせたまま、起き上がらない。目もうつろである。心配になって歯槽の色を調べてみたがあまりよくない。元気なときにはピンクなのに少し白っぽい気がした。呼吸も荒く、明らかにいつもとは異なる。急ぎ、大学病院で働く知り合いの獣医師に連絡をとった。今日の午後にとりあえず検査できるものだけでも診てくれるらしい。緊急手術の可能性もあるので、朝食は抜いた。機械的に動いているつもりであったが、心の底には言葉にできない不安があった。ただ、その不安を自覚してしまうと、動けなくなり、冷静な判断ができなくなる。今はその不安に蓋をして、できることはなにか、最善の結果から最悪の結果、すべてを想定してすべきことはなにかを考えることにした。考えることが決まると、それに集中せざるをえないので、少しだけ不安を遠ざけることができた。

知り合いの獣医師はこれまでも何度もお世話になっており、コーディーもアニータもよく知っている。その獣医師は、つねに動物と飼い主の側に立って考えてくれる。病気を治すことは病いに苦しむ動物に対する手段の一つであって、それが目的ではない。そんなふうに寄り添ってくれる獣医師は貴重な存在だ。

いつものワクチン接種では、かかりつけの近所の病院にいっても一時間かそこらで帰ってくる。コーディーも小さいころから病院の先生や看護師さんにかわいがってもらっていたので、病院は嫌いではない。ワクチン接種でも暴れたこともない。おそらく身体的緊張が高いと、筋肉が硬直して、痛みを感じるようになるのだろう。コーディーもアニータも小さいときから動物病院で社会化を受けていたので、そんな心配はなかった。ただ、この日は様子が違う。簡単な診察と問診のあと、病院に残り、麻酔をかけて精密検査を受けなければならなかった。コーディーは自分の調子が悪いだけでなく、そのようないつもと違う様子に戸惑いながら、不安げに見つめ返してくる。私の顔に不安を感じると、さらに不安になるだろう。なにごとも心配がないように気丈にふるまう。そして、コーディーを病院に預けて、外に出た。外はいつもと同じような青空と、初夏の鳥の声がした。なんという名だろう、この鳥は。ただ、その声もうつろにしか耳に届かなかった。終わるかもしれない、病院の帰り道でやっとその不安が全身を襲ってきた。

出会い

真っ暗闇の向こうに小さな明かりが見える。立ち止まると、僕の後ろにヒタヒタとついてきていた足音も立ち止まる。父さんたちはあの明かりには絶対に近づかなかった。僕たちは怪しいものには近づかない。見慣れないものを見たときは、まずは遠くから観察し、少しずつ近づいて、いつでも逃げられるように少しずつにおいを嗅ぐ。ただし、よほどのことがない限り、得体の知れないものには近づかないのが得策だ。僕はその教えを守って、今まで生きてきた。僕は狩りがじょうずにできるようになったころ、父さんに追われてひとりになった。そして、今度は僕が父さんの立場で子どもたちを守っていかねばならない。

よほどのことがない限りといったが、今、よほどのことが起きているのかもしれない。豊かだった森や草原が少しずつ変わっていき、寒さも厳しくなってきた。ちょうどいい大きさの獲物になかなか出会えない。父さんや仲間たちと追いかけた大きなヘラジカの群れを仕留めることは今の僕たちには無理だ。ほかの群れとの争いを避けてきたら、いつのまにか遠くまできてしまった。もうしばらくなにも食べていない。そろそろいい加減に獲物を捕まえないと。少し焦りを感じながら、ふと、遠くでゆらゆらと揺れるあの明かりのもとにはなにがあるのだろうと考えた。

岩の陰からそっとのぞくと、そこには奇妙な二本足の生きものたちがいた。僕たちとは違って頭と体の一部が毛で覆われている。後ろ足で立っていて、顔が一番高いところにあるから、声も高いところから聞こえるのだ。なにをいっているのかはまったくわからない。後ろの二本の足だけで立っているのは奇妙だけれど、空いている前足でなにかをつかんだり運んだりできるようだ。まだ父さんや母さんと一緒にいたころ、この生きものを見たことがある。父さんたちが狙っていた大きなヘラジカを、木の枝のような細い棒を飛ばして横取りしたのだ。大勢で獲物を囲んでいる様子を見て、さすがの父さんもすごすごと引き下がっていた。

二本足たちが、メラメラと燃え上がる炎を囲んで座っている。なにやらおいしそうなにおいがする。炎のまわりに近づく勇気がなかった僕は、二本足に気づかれないように辺りを探った。まだ肉が残っている骨のかけらがいくつも落ちていた。子どもたちとその母親は、少し遠くで待たせている。今日のところはこれで我慢しよう。

目覚めたら白服がやってきた。そのままぼうっとしていたらKが迎えにきてくれた。うれしくなったら、空腹だったことを思い出した。部屋に戻って僕はようやく遅すぎる朝食にありつけた。

イヌ科の動物の祖先種は北米を中心に生息していた。その一部がベーリング海峡を渡り、ユーラシア大陸で最初の大型オオカミの祖先種になった。その後、オオカミの祖先種は更新世の少し前に北米に「再侵入」した。その中でももっとも有名なのがダイアウルフ（*Canis dirus*）で、ユーラシア大陸のオオカミから進化し、北米と南米に広く生息した。この北米に渡ったオオカミの祖先種はトマークタスと呼ばれ、約七〇〇万年前のことといわれている。更新世末期には、世界各地で人類が文明を獲得するようになる。並行してユーラシア大陸のオオカミはハイイロオオカミ（シンリンオオカミ、タイリクオオカミ）となり、各地に生息域を広げていった。このヨーロッパ大陸に広がったシンリンオオカミの一部がイヌの祖先種となる。おそらく氷河期末期、周囲は食資源も限られていて、厳しい生存競争だったと推察される。イヌの祖先種はこのシンリンオオカミと共通の一種からの派生であることはDNAの解析から明らかとなっている。コンラート・ローレンツはイヌの一部はジャッカルとの混血であると推察していたが、ジャッカルとの混血のあとは見出されていない。総合研究大学院大学の進化生物学者であり、愛犬家でもある寺井洋平博士の最新の研究では、シンリンオオカミから分岐したニホンオオカミ（*Canis lupus hodophilax*）とイヌの祖先種が共通とのこと。つまり、数あるオオカミの中で、ニホンオオカミがもっともイヌと遺伝的に近いオオカミということになる。

日本のその昔、暗い森の中を歩いていると、後ろにそっと歩みを合わせ、目的地まで安全に連れていってくれるオオカミに出会うことがあったかもしれない。ニホンオオカミは、二〇世紀初頭に人間に絶滅させられるまで、何千年もの間、日本に生息していた小型のオオカミである。

ニホンオオカミの進化と絶滅は日本の動物学史上最大の謎の一つともいわれている。ニホンオオカミの起源は不明であり、どのような経路で日本にやってきたのかもわからない。二〇二一年はじめに発表されたニホンオオカミ一頭の遺骨の遺伝子解析では、長い間絶滅したと考えられていたシベリアオオカミの系統に近いことが判明した。寺井博士らは、博物館の標本や、古い家の屋根にあった護身用の頭蓋骨など、九頭のニホンオオカミの全ゲノムを抽出し、塩基配列を決定した。また、柴犬などの人気犬種を含む一一頭の日本犬のゲノムを解読した。これらの配列を、キツネ、コヨーテ、ディンゴなどのイヌ科動物、さらにはさまざまなオオカミ、現代のイヌなどと比較した。寺井博士らが進化系統樹を作成したところ、ニホンオオカミの系統を含む集団は、ほかのどの動物よりもイヌの系統に近いことがわかった。寺井博士は「姉妹のような関係です」という。

つまり、東アジアのハイイロオオカミの一集団が、現代のイヌとニホンオオカミの起源である可能性が見えてきた。イヌにもっとも近いオオカミの集団がニホンオオカミだったのだ。さらに寺井博士らの研究チームは、ディンゴやニューギニア・シンギング・ドッグなどの比較的古いイヌや、現代の日本の犬種を含む東アジアのイヌが、ニホンオオカミとDNAの五パーセントを共有していることを発見した。一方、ジャーマン・シェパードやラブラドール・レトリバーなどの西洋犬は、ニホンオオカミとのDNAの共有が少なかった。このことは、ユーラシア大陸のどこかで誕生したイヌが、その後に東アジア、さらには日本へ移動して、ニホンオオカミと交配したと推測できる。その後に東アジアのイヌがヨーロッパに向かったイヌと交配した。そのため、ヨーロッパ側のイヌにはニホンオオカミのDNAの混入が少なくなった。

ニホンオオカミのDNAが現代のイヌにも残っている。この遺伝子はなにをしている？　寺井博士らは、それらイヌに残っているニホンオオカミの四つの遺伝子のうち、一つは動物の暴食に関連するものだという。また、ほかの遺伝子がイヌの体や顔の形を変えた可能性もある。

絶滅したニホンオオカミ。彼らがイヌに残したものはなんだったのか。そしてイヌの起源はどこにあったのか。今後の研究が俟たれる。今でも、いつどこでイヌが誕生したのかは明らかになっていない。寺井博士らの研究から、少なくともユーラシア大陸の東側でイヌとニホンオオカミは分岐しただろうと予想される。その後、イヌはヒトと生活を始めることになる。おそらく二万年から四万年前に。ヒトと出会ったイヌは、ヒトの姿を見ても恐れず、しだいにその距離を縮めていっただろう。時は氷河期の末期、小型になったイヌの祖先種はもしかしたら、狩りに失敗し、ヒトのあとを追い、残飯を食べていたのかもしれない。ヒトも初期のイヌの移動を察知し、そのあとを追うことで、動物を容易に見つけられたのかもしれない。残念ながら、行動やヒトとの関係性を遺伝子や考古学で明らかにするにはまだ解析しなければならないことが残っていそうだ。このような歴史を経て、今のイヌたちはおそらく、自らヒトの傍らで生活することを選んだ動物となっていった。

寄り添い

あれからKの様子がおかしい。いつもどおり元気よくふるまっているが、ときどき悲しそうな顔を見せる。小さな低い声でMやNと話をしていることもある。白服とはあれから何度かまたあの建物で会ったが、今日は前と同じようにKに置いていかれた。今回は目覚めたらおなかに違和感があった。白い布でぐるぐる巻きにされていて、迎えにきたKに抱きかかえられて部屋に戻った。アニータたちが次々ににおいを嗅ぎにきたので、僕も立ち上がろうと思ったら、Kに止められた。アニータたちも追い払われてしまった。

しばらくしたらおなかの違和感はなくなったが、ぐるぐる巻きはそのままだ。あの日以来、Kは僕をあまり遊ばせないようにしているようだ。その代わり、ごはんに生肉が入っておいしくなった。

そんな僕を尻目に、アニータたちは相変わらずだ。最近気になるのは、チャーリーとジャスミンがパンチに少し強気になってきたことだ。パンチはもともと争いを好まないので、チャーリーやジャスミンに寝床をとられようと、Mが戻ってくるまでドアのそばでじっとしている。Mが戻って、彼らを寝床から追い払うと、ようやく安心したかのように寝床に入るのだ。とくにチャーリーは、僕にも張りあうような態度を示すことがときどきある。ただし、そんなチャーリーもアニータには絶対に逆らえない。そしてフックのことは気にかけている。体は僕よりも大きくなった。それでもニンゲンたちと遊んでいる姿を見たら、まだまだ子どものようだ。

チャーリーとジャスミンはニンゲンたちと一緒に広場に遊びにいったらしい。元気よく吠えあっている声が遠くから聞こえる。最近は、僕とアニータ、フックは、彼らとは別にゆっくりと散歩にいくようになった。あまり動くと息が苦しくなってしまうので、のんびりにおい嗅ぎをしながら歩くのだ。それでも相変わらずおなかがすく。短い散歩を終わらせて、チャーリーとジャスミンが戻ってくるのを待ってからみんなで食事をとった。あとは家に帰るまでKの横の寝床で寝るとしよう。

検査の結果、コーディーは、脾臓を原発とする血管肉腫であることがわかった。腹部から出血し、貧血にもなっていた。緊急手術を施してもらい、一命はとりとめることができた。ただ、肺への転移もあり、これ以上の治療は困難とのこと。一案として、安楽死もある、と告げられた。余命はもって二週間と。決断のときというのは、突然にやってくる。もちろん、すぐには受け入れられるわけがない。飼い主のエゴであるかもしれないが、もう少しだけそばにいてほしかった。担当の獣医師と相談し、積極的治療はせず、このまま自宅療養をしながら、最後を一緒に過ごすことを選んだ。そして、自宅に帰り、これ以上腹部からの出血をさせないように、さらしを巻き、圧迫して過ごすことにした。貧血になれば、自分で点滴を落とした。まだ苦しみはないようで、それが唯一の救いであった。

今、手を伸ばすとコーディーの温かい体と寝息を感じることができる。久しぶりに容体が安定しているのか、やさしい寝息だ。この寝息も、イヌとヒトがともに生きることを選択し、そして現代まで歩み続けてきたことの証なのであろう。イヌとヒトが出会い、ともに歩き始めて、二万年、あるいは三万年といわれている。それから、何度となく、イヌと飼い主の関係は繰り返され、しだいにその関係は深いものになってきた。私たちは今、その歴史の一部となって、寄り添い合っている。

共生

東の空が明るくなってきた。暗くて寒い夜がもうすぐ終わる。炎も消え、ニンゲンたちはまだ眠っている。僕たちもニンゲンたちから少し離れたところで丸く、身を寄せあって休んでいたが、夜中に物音がするたびに、だれかしらがむっくりと頭をもたげる。

僕は物心ついたときからニンゲンたちと一緒にいた。ニンゲンとあまり接したがらない仲間もいるが、それでもみんな、ニンゲンたちのまわりで一日の大半を過ごしている。ニンゲンたちのまわりを探せば、ぜいたくさえいわなければある程度空腹を満たすことはできる（といっても、満腹にはならないが）。おなかがすいてしかたないときは、ひとりで小さな獲物を狩りにいけばいい。運がよければ、ニンゲンたちについていって、大きな獲物の残りをたらふく食べることができるのだ。だから、僕たちも獲物に吠えかかって、ニンゲンが仕留めやすいように協力する。あるいは、僕たちのあとをニンゲンが追ってくることもある。分け前が少なくなるが、ニンゲンが一緒にいると、確実に獲物をとることができる。持ちつ持たれつの関係なのだ。

日が傾き始めたころ、僕は小さなつぼみがふくらみ始めている一面の草むらの前で、みんなの帰りを待っている。僕はもう、前のようには走れないから、ここにとどまって小さなニンゲンたちの相手をして一日を過ごした。遠くにニンゲンと仲間たちの一群が見えてきた。その中には僕の子どもたちもいる。先頭を歩いているのは青玉だ。青玉は、僕が最初に仲よくなったニンゲンだ。遊び疲れて岩陰できょうだいたちと眠っているときに、僕はニンゲンに抱かれて連れてこられた。最初に会ったころの青玉はまだ小さな小さなニンゲンで、首にきれいな青い玉をぶら下げて、小さな前足で僕をぎゅっと抱きしめた。そんなに遠くに連れてこられたわけではなかったので、僕は自由にきょうだいや父さん、母さんのところに戻ったり、青玉のところに遊びにいったりできたのだ。最初のころはきょうだいと遊ぶほうが楽しかったが、青玉がしだいに大きくなり、前足で僕に触れたり、食べものをくれたり、棒切れを投げて遊んだりするようになってからは、青玉と過ごす時間が長くなってきた。父さんや母さんがニンゲンたちと狩りにいっている間、僕は青玉のところでたくさん遊んで一緒に過ごすようになっていた。

狩りにいくようになったのは僕のほうが先だった。初めての狩りはとても刺激的だったが、意気揚々と戻ってきた僕を青玉が出迎えてくれたことのほうが今では記憶に残っている。そのうち、青玉も一緒に狩りにいくようになった。初めて一緒にいったとき、青玉の緊張が痛いほど僕に伝わってきた。だから僕は青玉の横で走り、そして、僕は青玉に獲物のにおいの方角を教えた。ある日、冷たくなって動かなくなった父さんを、ニンゲンと同じように土の中に埋めてくれたのは青玉たちだった。それからも僕は青玉たちと一緒に狩りにいった。僕は青玉が指さす方向に向かい、青玉も僕の視線の先を追った。息をひそめて草むらにひそんだり、獲物のにおいをたどってひたすら歩き続けたり、そして息をあわせて獲物に向かって走り出したり、僕たちはいつも一緒だった。何度も狩りにいっているうちに、僕には青玉がなにを考えているか自分のことのようにわかるようになっていた。きっと青玉もそうだったのだろう。

そして、今は狩りから戻る青玉を出迎えるのが僕の役目だ。今日も、いつものように炎のまわりを囲むにぎやかな青玉たちの横で、しばらくの間眠るのだ。

地球上に暮らすイヌの正確な数は不明であるものの、九億頭ともいわれる。そのうち、飼い主が管理し、登録されているイヌは世界全体の二割程度。つまり、私たちが日常見ているイヌたちは、世界から見たらじつは稀有な存在なのである。多くのイヌは村に住み着き、街を自由に歩くイヌたちだ。

ヒトとイヌの出会いは、まさに自由にヒトの周囲で生活することを選んだイヌとヒトとの出会いである。二〇万年前に誕生したホモ・サピエンスは、その歴史の五分の一をイヌとともに歩んできた。想像するに、草原を歩いていたヒトのそばにイヌの祖先が現れた。イヌの祖先種はヒトを怖がらず、しだいにヒトに近づいてきた。同時にヒトもイヌを受け入れた。両者における寛容的な態度が、おたがいの距離を縮め、ついに「仲間」へと変化していく。最初はヒトを襲っていたオオカミのような天敵だっただろう。その二者が、共同生活を営み始める。最初はヒトの残飯を狙っていたのかもしれない。それがいつしか、共同で狩りをし、獲物を分け合うようになった。村に残ったイヌは、おそらく周囲をうろつく大型の肉食獣に対する番犬のような働きもしていただろう。ヒトがしだいに定住し、富を蓄えるようになると、村を守るイヌの価値は高まっていった。優秀なイヌがいれば、敵の来襲をすぐに教えてくれる。

このヒトとイヌの、縛られることのない自発的、自然発生的な共生の過程を経て、イヌはヒトと同じような視線を用いたコミュニケーション能力を身につけた。さらに、ヒトとイヌは見つめ合うことでオキシトシンが分泌され、絆の形成が成り立つようになった。一万二〇〇〇年前のイスラエル北部フラ湖近郊の丘陵地にあるアイン・マラッハの遺跡では、老女とともに埋葬されたイヌの骨が見つかっている。日本でももっとも古いとされる愛媛県久万高原町の上黒岩岩陰遺跡から発掘された二体分の犬骨は、日本最古の埋葬犬骨である。埋葬される際には、イヌにも装飾品がつけられていたりもした。まさにイヌはいつしか「最良の友」となった。これはヒトとイヌの共進化の結果かもしれない。イヌがヒトをヒトにし、ヒトがイヌをイヌにした。

歴史的に振り返ると、ヒトがイヌをコントロールしようとしたのは、近代、それも都市化された場所のみである。イヌにはイヌの流儀があり、自分の意思で生きていた。意思、というものはなにか。周囲環境をさまざまな感覚器を通して取り入れ、理解し、自分の経験やまわりの仲間のふるまいを見て、行動を選択することとすれば、イヌでも立派な意思を持つ動物である。イヌは自らヒトのそばに立ち、歩くことを選んだ。だれといるか、どこに寝るのか、ヒトの管理下におらず、自らの意思を持って決めてきた。ここ日本においても、昭和のはじめくらいまで、そのようなヒトとイヌの関係であった。かの有名なハチも、自ら自宅を出て、ひとりで歩いて渋谷駅に向かい、改札で上野英三郎先生を待ち続けていた。そう、ヒトとイヌは対等に、意思を持ってつきあってきたのだ。スタインベックも記しているとおり、イヌはイヌであり、ヒトの化身でも、二流のヒトでもない。二流のヒトになるくらいなら、一流のイヌでありたい、そういう態度を示すイヌがそこにいる。イヌはけっしてヒトのために存在するものでもないし、ヒトのエゴを映し出す鏡でもない。

最後の夜

暗闇の中から、アニータたちの寝息が聞こえる。隣で寝ているのだろう。今が昼なのか夜なのかわからないが、カチコチという音以外にほかに物音がしないので、きっと夜なのだろう。ずっと横になったままなので、自分が起きているのか寝ているのか、どこにいるのかもよくわからなくなるときがある。尿意を催したが、体がうまく動かない。寝たままでするのはやっぱり嫌なので、鼻を鳴らしたらKが気づいてくれた。Kに抱きかかえられたまま外に出た。むっとした暑さと草のにおいの中で、Kに支えられて、僕はゆらゆらとしながら足を踏ん張って用を済ませた。

再び寝床に戻って横になる。今の僕は首輪も紐もついていない。僕やきょうだいたちは生まれてすぐに首にリボンをつけられた。ニンゲンたちはリボンで僕たちを見分けていたようだ。ニンゲンたちだっていろいろな色のものを身につけていたから、僕はリボンをつけられることはそんなに気にならなかった。でも、リボンがそのうち首輪になり、外に出るようになって、紐がつけられたときは嫌だった。いつも自由に歩いたり走ったりしていたのに、どこか狭いところに閉じ込められたのと同じくらい、僕は永遠に自由を失ったんじゃないかと絶望的になったのだ。

Kの家にきてしばらくは、紐をつけてKと一緒に歩くのが苦手だった。いろいろな楽しいものやにおいにつられて、うっかり飛び出して、紐を突っ張らせて苦しい思いをしていた。そのうち、Kの家の中では自由に過ごせるし、少し辛抱してKの横を歩いていたら楽しい広場で自由に走れることがわかってきて、僕は紐につながれることを受け入れていった。なぜ僕たちは紐でつながれなければならないのだろう。フックやパンチは黙々とニンゲンのあとをついて歩くし、アニータやジャスミンも自由にふるまっているように見えて、いつもKの様子をうかがっている。一番やっかいなチャーリーだって、けっしてNのもとからはいなくならない。広場では、走り回りながらNがいるのを必ず確認しに戻ってきていた。僕たちはそれぞれニンゲンたちと一緒にいるつもりなのだが、僕たちが一緒にいると思っていても、ニンゲンにとってはそうではないということか。ああ、そういえば、昔、アニータがたいへんな目にあったことがあった。Kが油断している隙に、アニータが飛び出していって、大きな塊にぶつかって、しばらくは前足が使えなくなったのだった。世の中に僕たちにとって未知の危険が存在するのも確かな事実だ。

不快な思いをしないようにするには、紐を持っているニンゲンの横でおとなしくするしかない。だから、紐でつながれていることで、僕はKと一緒に歩くことを覚えた。僕はKと夜の散歩に出かけるのが好きだった。静まり返った暗い道を黙々と歩いていると、そのうちKと僕たちの息とヒタヒタという足音だけの世界になる。木々の向こうの明かりが規則正しく揺れて見えるころ、僕とアニータの足音がしだいに重なりあってくる。僕たちよりもゆっくり聞こえていたKの足音と首に伝わる振動までもが重なりあい、そしてまた分かれてを繰り返して、僕たちは暗闇の中でいつのまにか溶けあって、大きなうねりに取り込まれていくような気がしてくるのだ。僕たちはつながりあって歩いている。自由を失った代わりに僕はなにを得たのかはわからないが、それでもこのような奇妙な感覚を味わえるのは悪いことではないのかもしれない。

夜の散歩でのできごとを思い出したのは、暗闇の中で、Kからトクトクと振動が伝わってきたからだろうか。アニータとジャスミンの寝息が聞こえる。今また、心地よい奇妙な感覚を味わいながら、僕は大きく息を吐いた。

地球上に生命体が誕生して約三五億年だという。私たちもその子孫であることはまちがいない。もちろん、そんなことを実感することはほとんどないだろう。約四億年前になると、植物が海から陸に上がり、続いて昆虫や両生類が陸に上がった。その後、恐竜、哺乳類へと進化し、約五〇〇万年前に私たちホモ・サピエンスの祖先である人類が登場する。その過程、おそらく五億年前に有性生殖が獲得される。それまでは無性生殖で個体を増やしていた。無性生殖とはつまりはクローンであり、自己と同じ個体が再生産される。そのため、個体とか個性、さらには死というものがない。有性生殖は、個体間のＤＮＡを交換し入れ替えることで、生物多様性を格段に進めることになるが、ＤＮＡの多様性が生まれるとともに「個性」が誕生する。一方、自分だけでは個体が増やせないという制約を受ける。だれかとの結びつき（接合）が必要不可欠になる。初期の有性生殖では無性生殖とのスイッチ機能を持っていたり、あるいは自己接合も可能であり、他個体とのかかわりは必要不可欠ではなかった。しだいにＤＮＡが複雑化してくると、「オス」と「メス」が生まれ、固定化されていく。そうなると、個体はひとりでは命をつなぐことはできなくなる。このようにして、「個性」が生まれてきたことの引き換えに、孤独と死、が生命に課せられることになる。

有性生殖が獲得され、生命体がひとりでは生きていけなくなると、他個体とのつながりのためのシステムが構築される。初期段階は化学物質を介して情報を交換していた。一部の真正細菌ではクオラムセンシングと呼ばれる個体間の化学物質が細菌の性質を変えることもあった。オキシトシンはそのような中で生まれてきた分子である。単細胞生物も保有するオキシトシンは、細胞の分化や成長にかかわっていたようである。分子が個体をつなぎ、次世代を残す、という現象は有性生殖のはじまりから、現代の私たちまで引き継がれた生命機能なのだ。

コーディーはしばらくの間は短い散歩もできた。しだいに日差しも強くなり、散歩があまり長いとつらい様子なので、できても五分といったところか。それでも芝生の上は気持ちがいいらしく、新芽のにおいを嗅いだり、用を足したりしていた。食欲はしだいに低下し、生肉をミンチにしたものや、流動食すら入らなくなってきた。最期、という言葉がどうしても拭い去れなくなってきた。

最初に倒れ、余命二週間といわれてからもうかれこれ三カ月が経とうとしていた。担当の獣医師からも、すごいですね、といわれた。お世辞でもそのような言葉は励みになる。コーディーが生きたいと思っているかわからない状況で、二時間に一度、体勢を変えてやり、六時間に一度、水を口から与え、一日二回の用を足すために、外に出す、を繰り返してた。八月のお盆を過ぎるくらいから、用も自分では足せなくなり、下腹部をマッサージして、刺激してどうにか排尿させていた。食べものをほとんど口にすることができなかったので、排便は数日に一回。しだいにやせ細り、顔も骨の形が浮き出てきた。それでも声をかけると、頭は動かせられないものの、弱い視線をこちらに向けてくる。はたして見えているのかどうか。空いた手を彼の首に沿わせ、胸のほうへとなでていると、呼吸が落ち着くような気がする。そうやって何日かを離れることなく過ごしていた。

コーディーが家にきたときには、不安そうな顔をして、だれだこいつ、と見上げられていたのを覚えている。ブリーダーさんのところで大切に育てられていたからだろう。その瞳の奥には、だれか、安心できるヒトのパートナーを求めているのがわかった。ほらおいで、といってもくるわけがない。それでも散歩やお庭の遊びを繰り返していくと、しだいに信頼してくれたのか、腕の中に飛び込んできてくれるようになった。散歩は苦手で、首輪をつけられるのも嫌い。それでも一緒に歩くことを覚え、車にも乗って、いろんなところに出かけた。夕焼けの中を、リードを持って歩くと、彼の振動と私の振動がつながり、夕日に伸びたふたりの影も重なっていた。

一四年間はあっというまであった。八月二九日の夜、もう水以外は口にしない彼に寄り添い、蒸し暑い夏の夜を迎えていた。アニータも心配げに、ときおりコーディーのにおいを嗅ぎにきていた。ジャスミンは動かないコーディーをどうしたのだろう、と遠目で見ていた。アニータも元気がないので、ジャスミンもなんだか申しわけなさそうに、クッションの上で横たわっていた。夜二時ごろ、呼吸が荒くなり、そして最後に大きな息をして、それきりであった。まだ温かい彼を腕に抱き、しばらくは動けなかった。

翌朝、コンビニから氷をできるだけ購入して、彼の下に敷いた。葬儀の手配やらいろんなことを考えていた。みんなに訃報を入れ、身支度をして半日の講演に出かけた。帰宅後、葬儀屋から折り返しの電話があり、二日後だということ。布団を巻いてあげ、簡単な祭壇のように準備を整えた。あとはお花を買ってきたり、友人が訪ねてきたりと、あわただしく過ごした。職場にも車で連れていき、みんなから別れの言葉やお花をいただいた。それらをきれいに並べると彼がどれだけ愛されていたかがわかった。

火葬の際、すべてのもらいもの、大好きだったクジラボールのおもちゃなども一緒に入れてもらった。夏の夕方、その煙は、風のない空をまっすぐに登っていった。きっとそれは虹の橋の向こうに通じる道だと思った。

彼との生活を介して感じたもの、つながりや安らぎ、をほんとうの意味で理解できるのは本人だけであろう。動物が有性生殖を獲得してからというもの、さまざまな形で個体間をつなぎ、家族や友人といえる関係にまで発展させてきた。その中で、おそらく奇跡的な偶然の積み重ねを経て、ヒトとイヌという異種が、この地球上に生まれ、出会い、そして深い関係を結べるような奇跡となった。何億年という偶然の重なりが、コーディーと私を、この場でつないでくれた。それは偶然という名の奇跡ともいえるかもしれない。その奇跡に感謝し、彼との出会いに感謝し、彼に感謝したい。

忠実なイヌとのきずなは、この地上において結ばれるもののうちでももっとも永続的であり、この事実は、イヌの伴侶を得ようと心にきめた人なら誰でも心にとめておくべきことである。

コンラート・ローレンツ

（『人イヌにあう』「愛情の要求」より）

あとがき　その後のできごと

コーディーの話はこれで終わりです。私の知らないころのコーディーについてはK先生の話やコーディーの子孫たちを参考にしていますが、ほとんどは自分で見たことや経験したことをコーディーの気持ちになって書いてみました。最後にコーディーがいなくなってからの話をしたいと思います。

私がコーディーに出会ったのは、コーディーが六歳のときでした。従順すぎるほどのフックと一緒にいた私は、初めてコーディーと接したときになんて自由なイヌだろうと思いました。コーディーのようなイヌと暮らしたくて、コーディーとアニータの孫のチャーリーを引き取りました。コーディーにアニータ、パンチ、フック、チャーリーとジャスミンたちと過ごしたにぎやかな日々は今でもいきいきと思い出すことができます。少しコーディーの存在を意識し始めたチャーリーが、年を重ねていつかコーディーのような、少し抜けているけれどもみんなの中心にいるような、そんな存在になることを期待していました。

コーディーが息を引き取ったことは、翌朝起きたときにK先生からのメールで知りました。その日はK先生は朝から講演会があったため、コーディーを家に残し、仕事が終わったらすぐに家に帰っていった記憶があります。そして、コーディーがいなくなった一週間後、突然チャーリーが同じ病気で亡くなりました。一番動揺したのは、コーディーに守られ、チャーリーとともに成長してきたジャスミンだったようです。ジャスミンはこのころから少しずつ内向きな性格になっていったような気がします。とても興味深かったのはアニータとフックの関係の変化です。あんなにフックのことを嫌っていたアニータが、残されたイヌたちで散歩に出かけると、コーディーがしていたように、足が悪くて遅れがちなフックを待つようになりました。アニータは群れのリーダーとしてふるまうようになったのかもしれません。アニータとフックは最後まで取り立てて仲がいいようには見えませんでしたが、晩年は一緒にヒーターの前に丸まって眠るような、そんな関係になりました。コーディーとチャーリーが亡くなった三年後の秋にアニータが、そのあとを追うようにフックが亡くなりました。アニータは前日まで自分の足で歩き、ごはんを食べて、最期は静かに逝ったそうです。すでに病気で動けなくなっていたフックは誤嚥で亡くなりました。悲しいことでしたが、餌を食べながら、食いしん坊のフックらしい最期だったのかもしれません。その数年後、まるでなにかのスイッチが切れたかのようにキクマルやその他のコーディーとアニータの子どもたちが次々と亡くなった年に、パンチも一五歳を目前に亡くなりました。長生きだったアニータに似て、寿命いっぱいに元気に生き抜いた末でした。あのころを知っているイヌはジャスミンだけとなりました。

アニータとフックがまだ元気だったころに、ジャスミンが子どもを産みました。イヌの出産にしては高齢だったと思います。人間のエゴだとわかってはいましたが、私はどうしてもまたチャーリーに会いたかったのです。しかし不思議なもので、私はなぜかチャーリーとはまったく似ていないカルルとニコを引き取ることになりました。K先生のところには長男のケビン＝クルトが引き取られました。そして、ニコが四歳の秋に子どもを産みました。コーディーの玄孫にあたります。パンチを失った悲しみがまだ癒えていなかったM先生は悩んだあげくに、パンチと同じ長男のアッシュを引き取りました。私は心臓に病気を持って生まれたリータを引き取りました。

「今は、コーディーもアニータも虹の橋を渡り、ジャスミンも一三歳を超えてしまった。私はジャスミンの中にコーディーとアニータの面影を垣間見ることができるけど、そのうちジャスミンの面影を求めて、その息子のケビン＝クルトを見てしまうだろうな」

この本の執筆中にK先生がいった言葉です。そして年が明けて、まさに最後の校正をしているときに、ジャスミンが亡くなりました。数日前から動けなくなったジャスミンは、K先生や研究室の仲間たち、そして彼女の子どもたちや孫に囲まれて、最後に少しだけ苦しそうに息をして、静かに眠りにつきました。

私も、ほかの人に引き取られていったジャスミンの子どもや孫たちにふとチャーリーを感じることがあります。私たちはK先生がいうように、つい、生まれてきた子イヌたちにいなくなったイヌたちの面影を探してしまいます。でも、彼らはもういません。子イヌたちは彼らの代わりではなく、新たに私たちと関係を結ぶように、生まれてきました。イヌの一生は、少なくともこの日本では人間次第です。コーディーたちは幸せな部類に入ると思いますが、実際にどう思っていたかはわかりません。私はイヌの気持ちが知りたくて研究を始めましたが、一方ではすべてを知ろうとしなくてもいいのではないかという気持ちもあります。この本に書いたような複雑な思考をもちろんイヌは持っていないでしょうし、愛や自由、死といった概念もないでしょう。それでも、人間となんとか折り合いをつけて生きているイヌを丸ごと受け入れて、私たちももう少し歩み寄りながらともに暮らしていければと願ってやみません。

永澤美保

参考文献

〈イヌの社会認知や動物についてわかりやすく書かれた本〉

菊水健史著（二〇一一）
『いきもの散歩道――動物行動学からみた生物の世界』文永堂出版
イヌに限らず動物全般の持つ、進化で培われた生体機能やコミュニケーション能力を短編的にまとめた本です。動物の持つ能力を広く知るにはいい素材だといえます。

菊水健史・永澤美保著（二〇一二）
『犬のココロをよむ――伴侶動物学からわかること』（岩波科学ライブラリー）岩波書店
イヌのコミュニケーション能力について、著者自身の研究成果も含めて、当時（二〇一二年）の最新の知見について書かれています。

ブライアン・ヘア、ヴァネッサ・ウッズ著、古草秀子訳（二〇一三）
『あなたの犬は「天才」だ』（ハヤカワ・ノンフィクション文庫）早川書房

イヌの持つ、優れたヒトとのコミュニケーション能力は進化の過程でどのように獲得されたのか。著者自身の研究を通して、イヌの社会的認知能力のおもしろさがわかりやすい語り口で書かれています。

菊水健史著（二〇一八）
『愛と分子――惹かれあう二人のケミストリー』東京化学同人

動物はなぜ他個体と惹かれ合い、絆を結ぶのかについて、美しい写真とともに科学的な解説で、そのメカニズムをわかりやすく説明します。ヒトとイヌとの関係についても触れています。

クライブ・ウィン著、梅田智世訳（二〇二二）
『イヌはなぜ愛してくれるのか――「最良の友」の科学』（ハヤカワ文庫）早川書房

イヌが飼い主に向ける愛を科学的に解明していく過程で最新の研究成果が紹介されています。イヌを愛する飼い主であり、科学者でもある著者の葛藤が赤裸々に語られています。

〈専門的に書かれた本〉

ジェームス・サーペル編、森裕司監修（一九九九）
『ドメスティック・ドッグ――その進化・行動・人との関係』チクサン出版社

日本語版は一九九九年発行（原著は一九九五年）ですが、イヌを理解するための基礎知識として内容はまったく古びていません。進化、歴史、使役犬の特性、問題行動など、ヒトとイヌとのかかわりも含めて、初心にかえりたいときに読みたくなる本です。

アダム・ミクロシ著、藪田慎司監訳（二〇一四）
『イヌの動物行動学――行動、進化、認知』東海大学出版部
専門的な内容で少しむずかしいですが、進化、形態、感覚、認知、発達など、イヌについてあらゆる角度からまとめられています。イヌのことを専門的に学びたい方に参考書としておすすめです。

菊水健史・永澤美保・外池亜紀子・黒井眞器著（二〇一五）
『日本の犬――人とともに生きる』東京大学出版会
遺伝子解析によりオオカミに近いことが判明した日本犬の行動や進化についての研究成果の紹介とともに、日本犬文化についても書かれています。

〈本書の中で引用された本〉

ジョン・スタインベック著、竹内真訳（二〇〇七）
『チャーリーとの旅』ポプラ社
アメリカの小説家、ジョン・スタインベックが愛犬チャーリーとともにアメリカを一周した旅行記。当

時のアメリカ社会の風刺とともに、チャーリーとの数々のエピソードはイヌ好きの心をつかんで離しません。

コンラート・ローレンツ著、小原秀雄訳（二〇〇九）
『人イヌにあう』（ハヤカワ・ノンフィクション文庫）早川書房

イヌ好き必読の古典です。動物行動学者のローレンツが自身とかかわった多くのイヌたちについて愛情を込めていきいきと記しています。イヌの飼い主のだれもが共感するようなエピソードを読みながら、イヌがヒトにもたらす愛情に心を打たれます。

［著者紹介］

菊水健史（きくすい・たけふみ）

1970年　鹿児島県に生まれる。
1994年　東京大学農学部獣医学科卒業。
　　　　三共（株）（現・第一三共）神経科学研究所研究員、東京大学大学院農学生命科学研究科助手を経て、
現　在　麻布大学獣医学部動物応用科学科教授、博士（獣医学）。
専　門　動物行動学。
主　著　『犬のココロをよむ――伴侶動物学からわかること』（共著、2012年、岩波書店）、『日本の犬――人とともに生きる』（共著、2015年、東京大学出版会）、『愛と分子――惹かれあう二人のケミストリー』（2018年、東京化学同人）ほか。

永澤美保（ながさわ・みほ）

1969年　福岡県に生まれる。
1992年　早稲田大学第一文学部卒業。
　　　　一般企業を経て、
2008年　麻布大学獣医学研究科動物応用科学専攻博士後期課程修了、博士（学術）。
　　　　麻布大学獣医学部動物応用科学科特任助手、同・特任助教、自治医科大学医学部研究員を経て、
現　在　麻布大学獣医学部動物応用科学科准教授。
専　門　動物行動学。
主　著　『犬のココロを読む――伴侶動物学からわかること』（共著、2012年、岩波書店）、『日本の犬――人とともに生きる』（共著、2015年、東京大学出版会）ほか。

ヒト、イヌと語る　――コーディーとKの物語

2023年2月15日　初　版

［検印廃止］

著　者　菊水健史・永澤美保

発行所　一般財団法人 東京大学出版会

代表者　吉見俊哉
　　　　153-0041　東京都目黒区駒場4-5-29
　　　　電話 03-6407-1069　FAX 03-6407-1991
　　　　振替 00160-6-59964

印刷所　株式会社精興社

製本所　誠製本株式会社

ISBN978-4-13-063956-9　Printed in Japan